全彩印刷

儿童到成人：成功者都在学习的编程思维

编程高效入门

全世界超2亿人热衷的学习方法

新手也可以零失败

有关编程的基础、方法
和要点的课程

[日]米田昌悟 著

张瑞琳 译

The best
way to learn
Computer
Programming

中国青年出版社　　　SB Creative

不久的将来，编程的基础知识
一定会有用。

Hour of Code[1]

"Prisident Obama asks America to learn computer science"[2]

不要只买游戏，而要自己编游戏。

不要只下载最新的软件，而要自己设计软件。

对这些游戏或软件，不要只是玩，而要自己编程。（中间省略）

不管你是谁、住在哪里，计算机都将在你未来的生活中发挥重要的作用。如果你现在努力学习编程，那么就能用自己的双手开创美好的未来。

——美国前总统巴拉克·奥巴马

“史蒂夫·乔布斯1995～遗失的采访～”

HAPPINET CORPORATION*1

ASIN*2：BOOGQ56ODU*3

*1 译者注：引用视频的发行方。

*2 译者注：Amazon Standard Identification Number的略称，用做书籍以外其他商品的识别番号。

*3 译者注：ASIN的番号。

"

我认为美国人都应该去学习计算机编程。通过学习计算机语言，人们将学会一种"思考的方法"。这就像去法律学校学习法律一样，没有人会认为去法律学校的人，都必须成为律师。而实际上，在法律学校的学习会对人生提供帮助。因为在那里我们可以通过一定的方法，学会对事物的思考方法。

"

——苹果公司的创始人史蒂夫·乔布斯

Code.org [1]

"What Most Schools Don't Teach" [2]

> 我之所以学习编程，并不是想要获得计算机科学的全部知识，也不是想要掌握什么普遍原则，我从来都没有过那样的想法。我只是想做一个让自己和妹妹们都有兴趣玩的东西。（中间省略）
>
> 搬进大学宿舍后，我终于可以行动起来了。我有一些朋友，他们都没有开过大公司，我们聚集在一起，却打算制作一个让世界上几亿人在日常生活中都会用到的东西。光有这样的想法，就已经很厉害了。
>
> 虽然这个想法有点令人生畏，但这的确是非常出色的想法。

——脸书公司的创始人马克·扎克伯格

本书的咨询方法

感谢您购买本公司的书籍。本公司接受读者对本书内容提出的任何质疑。如在本书的阅读过程中有任何不清楚的地方，也可以向本公司咨询。有关咨询的方法，本公司制定了以下方针。请在提问的时候，首先确认以下内容。如给读者带来不便，我们深感抱歉。

在提问之前

请在本公司的网页上确认"正误表"的内容。最新的"正误表"将刊登在以下网页上。

> **本书的售后服务网址：** http://isbn.sbcr.jp/83102/

请点击以上网页上的"正误信息"链接，如没有最新的正误信息，将不能点击此链接。

提问时的注意事项

· 如有疑问，请以邮件、书信等书面形式提出，我们将不接受任何的电话咨询。
· 我们只接受与本书所述内容有关的问题，因此在提问的时候，请按照"某某页的某某行"的格式写明有问题的地方。如果没有按此格式写明有问题的地方，那么该问题将不被接受。
· 由于本公司出版物的著作权归作者所有，在回答问题的时候，原则上我们会在和作者确认之后，再做答复。因此回答问题有时可能需要几天或更长时间，希望读者朋友事先予以谅解。

提交问题的方式

在提交问题的时候，请选用以下两种方式之一。

> **在网页上填写**
>
> 在上述本书售后服务的网页上点击"有关本书的咨询"链接，就会打开一个送信页面。根据送信页面的要领填写问题，然后按"送信"按钮送信。
>
> **邮寄**
>
> 邮寄时请填写以下地址：
>
> 邮政编码：106-0032
> 地址：东京都港区六本木2-4-5
> 收信人：SB Creative读者服务处

序

~一开始就需要知道的、非常重要的事情~

阅读这本书的应该是这样一些人吧。

- 希望尽可能高效地学习编程的人
- 最近街头巷尾都在议论"编程技能的必要性"和"儿童编程教育",对这些话题感兴趣的人
- 对编程有兴趣,却还不太了解"学习方法"的人

如果你是这样的人,那么请耐心地读下去,相信这本书一定能给你带来帮助。

首先要告诉读者的事情

首先我要告诉读者两件事,其一是:

- 编程的基本技能将成为你们这一代和下一代(现在还未成年的那一代)必不可少的技能。

其二是:

- 这项必备的技能,只要稍加学习就能掌握。

请首先牢记这两点,然后带着兴趣去掌握这项有用的技能。编写本书的目的就是帮助读者能够顺利地掌握编程技能。

如今谁都无法阻挡科学技术的发展。美国《连线》(Wired)杂志的创始人、主编以及著名作家凯文·凯利用"不可避免"这个词来形容这股潮流。物联网、人工智能、大数据解析和机器人工学等,日新月异的科学技术每天都在给人类的生活带来重要的变化。

身处这样的一个时代,我们面临一个选择,即怎样面对日新月异的科

学技术的发展。在这样的变化中，是作为被动的一方，还是成为主动的一方，抑或是站在时代的前端成为创造的一方？这将取决于我们的选择。只要我们不想成为被动的一方，掌握编程的基本技能就是必不可少的。

本书的目标读者

"入门书"、"初学者"等这些名词，意思都有些含糊不清。有些书的书名为"入门书"，而实际内容却有些高深；有些书虽然写着"面向初学者"，却需要读者具备很多的预备知识。

结果，在相当多的时候，会出现"书中的内容跟自己想象的不一样"的情况。这正是作者想尽量避免的。因此为了不让大家误读这本书，首先请让我在这里列出这本书的目标读者。

- 虽然还没有编程的经验，但是希望尽可能更扎实有效地学会编程的人
- 对编程有兴趣，却还不太了解"学习方法"的人
- 希望掌握编程这项社会基本技能的人
- 关注儿童编程教育的人

对于以上人群，这本书将是适合他们的，请兴之所至地读下去。在这么一本薄薄的书中，也许很难满足上面所有人的要求。不过这本书会把大家带到一个入口，从这里出发去寻找问题的答案。

当然，前提是**笔者自己非常赞成读者这一代和下一代的孩子们学习编程**。为什么呢，因为学习编程的基本内容会带来很多益处。

有关具体的内容，我将在后面讲述。在这里我只想说，通过掌握编程技能，我们不仅能获得许多**直接性的效果**，例如"能让想法具体化"、"作为工程师能做各种工作"以及"能从事国际性的工作"等，而且通过学习编程的基础知识，还可以在许多其他方面取得效果，例如，**强化逻辑性思维能力、提高解决问题的能力以及具备信息技术的基本素养等**。

我们已经处在了这样的环境下，即如果完全离开信息技术，则几乎不能继续生活。因此请大家继续阅读本书，掌握学习编程基础的方法，并将这种方法付诸实践。

"学习方法"正在飞速发展！

正像上面所说的那样，作者对学习编程本身是非常赞同的，**然而对于一直以来的学习方法（独学学习法，即先埋头苦读很厚、很难懂的程序语言的说明书，然后又一个劲地编程），作者是强烈反对的。**在这样的学习方法下，那些对计算机不是很感兴趣的人，或者在计算机上不是很有天赋的人，或者学习不那么刻苦的人，在学会编程之前就会放弃编程。

有关学习方法的具体内容，我将在本书中依次介绍。这里我想说的是，脑科学、认知学和学习科学都在日新月异，世界上的科学家们正在研究更高效和更有效的学习方法。这种学习方法的适用对象也包括编程的学习。现在，学习环境正在改变，**谁都能愉快地、像玩游戏一样地掌握编程的基础知识。**

包括作者在内，我们都是在强调努力和毅力的学习环境下学习编程的，虽然过去的事情不能改变，但是如果从现在开始学习的话，那么请一定要用最新的学习方法开始学习，这些学习方法反映了世界最前端的研究成果，是既有效率又有效果的学习方法。另外，不要忘记世界上还有许多免费的学习工具（本书将介绍很多免费的学习工具）。

有不少人都认为"编程是理科生学的"，实际上学习编程的基础知识，跟理科生、文科生完全无关，也跟男女的差异、职业和行业无关。如果已经上了小学，那么跟年龄也没有太大的关系。有的人在小学的时候就成功地制作出苹果手机上的软件并将它销往全世界，有的人则从七十多岁开始学习编程。编程是一种谁都能学、谁都能掌握的技能。

本书的阅读方法～为了更有效地学习编程～

由于本书内容上的特点，**如果"只是阅读了这本书"，那么并不能充分获得学习的效果，也不能充分掌握编程的知识**。在阅读本书的过程中，最重要的是大家要在学习的过程中，通过使用书中介绍的学习软件和教育软件等，实际动手体验。很多学习软件和教育软件都可以免费使用，在这方面大家尽可放心。

当然大家也不要因为这些工具和软件是免费的，就藐视它们。我们是在严格挑选之后，才把那些做得非常好的软件介绍给大家的。为了让毫无编程经验的人也能使用这些软件，在"**开始学习的方法**"这一章中，我们将详细地介绍使用方法。因此，使用这些软件能够更有效率地学习。正如刚才所说的那样，通过使用最新的学习方法，**谁都能够愉快地学习**。希望大家都能体会到这一点。

本书的一大作用，就是介绍优秀的学习软件和教育软件，传递世界上最先进的"**学习法**"，为大家学习编程提供强有力的帮助。

那么，编程技能真的是必要的吗

另一方面，从一开始就认真地考虑是否需要学习编程的技能，对大家来说也非常重要。只是由于受到各种媒体信息的影响，就将宝贵的时间浪费在无关紧要的事情上，实在没有必要。当然，事前认真地做出判断也很重要。

最近几年，社会上要求人人都具有"**编程技能**"这一社会基本技能的呼声快速增多。很多人都在电视、杂志的特辑中看到过有关编程的节目和文章。在这些特辑中出现了各种各样的意见，从一些稍微夸张的观点，例如：

- 从现在开始，读、写和编程将成为三大必备技能
- 比起英语，编程可能更为重要

到一些有关实际作用的意见，例如：

- 学习编程，能够锻炼逻辑性思维能力
- 知道如何编程，工作效率可以提高几十倍
- 只要有一台计算机，就可以将独创性的想法转化成具体形式，并且向全球发布

基于这样的情况，本书将结合世界的动态，对"编程的界限"进行介绍。因此请大家在认清现状的同时，对于是否需要学习编程技能，做出自己的判断。

本书将对编程的两个方法都进行介绍。一种是：**"需要掌握的一般素养，即最低限度的有关编程基本能力的学习方法"**，另一个是：**"扎实地掌握编程技能的学习方法，达到能在实际工作中灵活运用的程度"**。

对其中的哪个方法更感兴趣、或者在哪个方法上更愿意多下工夫，有人可能现在还难以做出决定。不过没有关系，对于编程教育和编程技能，请让我们一起在加深有关必要性的认识的同时，在实践中不断地学习吧。

目录

Part 1

掌握一项崭新的
技能

—

Getting started.

Chapter 01

编程技能的价值
超出想象

The value of programming skills.

01 越来越受青睐的 "编程能力"

过去，人们还曾嘲笑那些热衷于在业余时间，把自己关在小房间里编程的人，称他们是"宅人"。现在时过境迁，这些**"会编程"**的人，因其**高技术和高回报**，在国际商务舞台上倍受欢迎。我们将从几个方面来分析这种现象。

现在需要编程技术的原因

第一个方面是学习编程所带来的益处。各种研究表明，学习编程不仅对软件工程师和程序员是必备技能，而且会对各行各业的人大有裨益。

我们将在后文讲述具体的内容和优点，在这里我们需要指出，在学习编程的过程中，我们将学会如何对计算机发出指令，并了解计算机的结构。这将帮助我们**掌握计算机的基础知识**，并**构建思考的逻辑性**，而这两种能力恰恰是现代社会所必不可少的。

另外，计算机只会忠实地执行程序的指令，不会做指令之外任何附加的事情。如果程序的执行结果不对，那么原因全在于编程的人。因此我们自己必须将问题一个个地找出来，然后一个个地解决。像这样**"提升解决问题的能力"**，恰恰是商务场上所必需的。

想成为软件工程师或程序员的人，毫无疑问必须学会编程；**而那些不想成为软件工程师、认为编程跟自己毫无关系的人，**也不妨学习下编程。通过学习编程这项基本技能，会让自己在其他方面受益。

这个道理在各个领域都是相通的。众所周知，像做菜和运动，对各行各业的人都会有帮助。因此很多职场精英都会每周做几次菜、定期运动，让大脑和身体保持最佳状态。学习编程也像这些活动一样，会给我们带来各种益处。

就像学语言的人不可能都是作家，学数学的人不可能都是数学家一样，不管是不是想成为程序员，我们都需要将编程当做一项新的技能，马上开始学习起来。

● 编程让人生更丰富

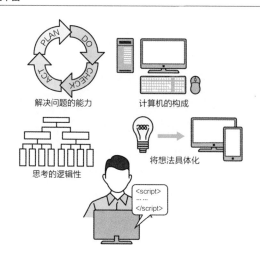

就在几年前，编程还只是一些软件工程师和系统开发人员才需要具备的技能，其他行业的人员，例如销售人员、办公室的文职人员、服务性行业的从业人员，以及公司的经理等，都似乎跟编程无关。虽然他们在日常的工作中会用到计算机，不过在使用的时候，计算机上已经事先安装好了业务上要用到的软件，而他们自己也已经大致知道这些软件最基本的使用方法了。

同时，很多人对计算机又有这样的印象，觉得计算机很复杂，不知道计算机的内部在做怎样的处理。至于计算机软件，那是专业人员制作的，平时能将它们用熟，已经觉得很吃力了。

然而时代在变化，对于使用计算机的熟练程度，不同的时代当然会有不同的要求。**要求所有人都必须掌握一定程度的编程的基础技能**，相信这样的时代马上就会到来。

软件工程师在全世界深受青睐的原因

编程能力在全世界深受青睐，表现出的一个方面就是计算机技术人员的数量严重不足，这同时也是编程能力在全世界深受青睐的一个较为直接的原因。现在世界范围内缺少高水平的计算机技术人员。

信息技术化的潮流正在渗透到生活的各个方面，不但在产品上，而且在各项服务中，都离不开信息技术。可以毫不夸张地说，现在离开了信息技术，就无法生活。我们的生活建筑在互联网之上，即使在看不见的地方，信息技术也控制着社会的基础设施（轻轨、水电煤等）。就连汽车，现在也越来越像一台大型计算机。

在未来，信息技术也绝不会从我们的生活中消失，不但不会消失，反而会越来越深入到我们的生活中。最近备受瞩目的"IoT"（Interet of Things:物联网）就呈现出这样一种越来越普及的趋势。

请看下图。在全球市值排名前一百的公司中，有十二个公司跟科技相
关，这些公司的市场规模的总和仅次于金融行业。

● 在全球市值排名前一百的公司中，各个行业的累计市值

参考出处 Pwc/Global Top 100 Companies by market capitalisation

从各个行业相对于2009年的市值增长率来看，其中科技性行业的增长
幅度最大。

● 各个行业的市场规模的增长率的比较

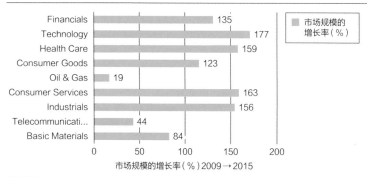

参考出处 Pwc/Global Top 100 Companies by market capitalisation

从这些数据可以知道，科技性行业是今后的成长性行业，也是世界经济发展中不可缺少的行业。

然而，由于一直以来编程的教育环境不成熟，软件工程师一直处于慢性不足的状态。对软件工程师的需求很大，而供给（软件工程师的教育和培养）却远远跟不上。跟其他国家相比，日本的情况可能更为严重。现在，**"会编程"**正成为一项含金量很高的技能。

软件工程师的不足，反过来也就意味着具有编程能力的人，在人才市场上有很大的需求。如果能掌握一定程度的编程技能，那么将在各个方面都能发挥作用，也能成为一种"自身价值"。

实际上，如果你具备了一定程度的编程技能，那么世界上很多企业都会来聘请你，你将不再为找工作发愁。我的身边就有很多这样的人，他们**"为了就业或跳槽，比起通过资格考试，更想掌握一些实际的编程技能"**，而且有这样想法的人正在迅速增多。

如果你的理想就是"成为一个软件工程师，今后活跃在世界的舞台上"，那么可以这样说，现在这个时代就是你的黄金时代。

如果你并不"想成为软件工程师"，但想要在今后的人生路上越走越顺，那么掌握编程技能也是有百益而无一害。

编程技能在全世界都通用

跟英语一样，编程技能也是全世界通用的。从日本到世界各国，有了编程技能就能走遍全世界。在本书中先找到编程的感觉，然后再进一步加深学习，相信大家最后都能实际地体会到这一点。编程没有国界。

实际上，现在在信息技术行业中，居住在不同国家的软件工程师们，有时可以一起制作一个产品（即操作软件或应用软件等），这样的开发环境已经形成。在掌握了基本的编程技能之后，任何人都可以进入这样的开发环境，在那里继续磨练自己的编程技术。

编程技能既然是一种有价值的"能力"，就意味着以后即使由于生病，或者照顾老人，或者怀孕生子和育儿等各方面的原因而不得不离职，但只要有编程技能，以后也能很快回到工作岗位。另外还可以选择在家里工作，做个自由职业者。

听到这些，很多人会觉得很惊讶，认为这是"痴人梦话"，或者认为"这是非常优秀的人的故事"，或者认为"不会有这样的好事情"。的确，"天下没有这么容易的事情"，但这也绝不是"天方夜谭"。如果具备了一定程度的编程能力，那么这些就能成为现实。况且，已经实现的也大有人在。

掌握了编程技能，工作和生活的方式都会发生各种变化，这种工作方式和生活方式的变化也许要比大家想象的更加多样化。日本社会的人口老龄化不断深化，在这种变化中，工作方式正越来越多元化。有的人需要一边工作一边照顾老人，还有的人需要一边工作一边育儿等，工作方式将不再单一，而将转变成"工作+其他"的多元化方式。那些需要改变工作方式的人，运用在编程教育中所学到的知识，就可以在家里做信息技术业务。这样，他们的工作时间和工作地点将会不受限制，他们也能继续工作。将就业人口维持在一定的水平，这对国家也非常重要。

02 学习编程技能的必要性

最近突然出现了很多声音，都在议论编程技能的必要性。正如上节所述，其背景是编程技能在商务上的作用，以及软件工程师数量的严重不足等。而如果将目光投向不远的未来，那么为了适应即将到来的社会变化，编程也是我们必须掌握的一种技能。另外，通过掌握编程技能，我们还能得到其他收获。

在这一节中，我们将从稍微长远的眼光，来认识编程技能的必要性和益处。也许有人会觉得**这样的话题太虚幻、太夸张，**然而这完全是可预见的话题。为了能够轻松地度过今后的五年、十年和二十年，人们就必须掌握编程技能。

既存的行业（工作）的形态正在不断改变

编程技能之所以受到青睐，第一个原因就是**今后工作方式将不断改变。**相信很多人都听说过"工作转移"这个词，美国杜克大学的研究人员凯西・戴维森在接受《纽约时报》的采访时曾说过：**"在2011年度入学的美国小学生，在大学毕业时，其中有65%的人将从事现在并不存在的职业*[1]。"**

他谈到的是十年以后的情景，然而就在十年之后，就有65%的人将从事"现在并不存在的职业"，这的确让人震惊。

然而，反过来看一下已是成人的我们，我们小时候也从没有听说过或想到过"社交媒体策划者"、"网络营销人"和"数据分析师"等工作，

---

*1 "Education Needs a Digital-Age Upgrade"
(http://opinionator.blogs.nytimes.com/2011/08/07/education-needs-a-digital-age-upgrade/)

而现在这些工作却正是我们中很多人的职业。因此凯西·戴维森所说的未来是很有可能实现的。

由此也容易令人想到，今后十年的变化将远大于我们所经历过的十年的变化。另外需要注意的是，这样的变化并不只是中小学生才要面对的问题。现在年龄小于50岁的人，十年以后仍将活跃在工作岗位上。怎样适应这种变化，是我们每个人都需要认真考虑的问题。

不会停止的数据化革命

根据埃森哲公司的调查，在全球GDP（生产总值）中，有1/5以上（即22%）跟"数据化经济"相关，而"数据化经济"由数据化领域的技术和资产构成。如果数据化经济得到充分发展，那么预计到2020年，这部分产生的GDP将达到全球GDP的25%，即2兆美元[2]。

在数据化经济中，最可能成为起爆剂的，就是最近被谈论得越来越多的"人工智能"的发展。例如，汽车是由人驾驶、由人控制的，现在这样的观念是理所当然的。而在十五年之后，人只要坐在车里，驾驶基本上由汽车的自动驾驶系统完成，这样的观念可能变得理所当然。"汽车是由人驾驶的交通工具"，这样的概念将自然而然地发生改变。

在这样的社会中，人类的工作将转变为设计和开发（=编程）汽车的自动驾驶系统。

就像汽车一样，现在既存的产业和服务业今后都将软件化。如果有人还认为自己从事的工作是汽车制造业的，或者是物流业的，因此跟信息技术无关，那么这些人转眼就会被信息技术化的潮流吞没。请回想一下苹果平板电脑（iPad）和苹果播放器（iTunes）所带来的变化，它们都瞬间改

---

*2 "数据化时代的破坏性的创造"
(http://www.accenture.com/jp-ja/insight-digital-disruption-growth-multipier)

变了音乐界和影碟出租业的商业模式。时代不一样了，数码唱片（CD）和电影的数字通用光盘（DVD）渐渐地卖不出去了，而通过互联网，人们可以随时随地借到音乐和电影的碟片。

最新的例子表明，提供打车服务的**"优步（Uber）"**[3]正在改变出租车行业的常识，提供住宿中介服务的**"爱彼迎（Airbnb）"**[4]正在改变酒店业的运营模式。大家都知道**"优步综合征（Uberization）"**这个新名词吗？优步是一家美国的创新公司，为客户提供智能手机上的打车服务。根据IBM对全世界70个国家、5200人以上的企业家做的调查，世界各地的企业家们都对优步感到不安[5]。

IBM的调查报告指出，让企业家们感到不安的并不是优步这个企业本身，**而是像优步这样的新兴企业，正在通过使用新的想法和新的技术，创造出崭新的市场运行机制，其结果将彻底改变既存的竞争模式。**

今后，无论从事哪种产业或服务业的工作，人们都需要具备信息技术的基础知识（即信息技术素养）和编程技能。正因为如此，**日本也正在考虑要在2020年度实现"编程的义务教育化"。**在义务教育中，传授的知识不会让某个特定的产业或行业占优势，所传授的技能也不会只对某个特定的产业有利。义务教育的内容，将是所有产业和所有服务业都需要的、广泛应用的技能。**信息技术和编程的义务教育化，也就意味着信息技术和编程作为一项泛用性很高的技能，得到了普遍认可。**

---

[3] http://www.uber.com/
[4] http://www.airbnb.cn/
[5] "IBM全球企业家学习"
(http://www.ibm.com/cn-zh/services)

要具有影响力并改变世界，信息技术是必需的

学习编程的第二个原因就是**"要具有强大的影响力，进而让世界变得更美好，信息技术是必需的。"**大家看一下微软的Windows和Office，以及谷歌的各种应用软件的现状就会知道，过去从来没有出现过这样的情况，就是几十亿人的庞大人群，在同时使用同一种服务。即使是现在，在信息技术产业之外，恐怕也不会出现这样的情况。微软让我们和计算机更接近，而谷歌则让互联网的使用起来变得更加便捷。

由此可见，要具有强大的影响力，并迅速地改变世界，只有借助信息技术的力量，也只有通过信息技术，才能向几亿人提供服务。

当然这并不是要大家都去创立像微软或谷歌那样的公司，这样做是没有必要的。然而，正确地认识"信息技术和编程的力量"，却是非常有必要的。

写给能够创造出新的价值观的人

最后作者想告诉大家的是，**"为了适应不断变化的现有产业和当今社会，必须改变自己。"**

埃隆·马斯克是特斯拉的首席执行官，是一位美国的创业者。他创建的公司都具有一个共同的特点，就是**考虑现在还不存在的价值观和规则，并以此解决问题。**

现在社会所需的人才，不是那些知道如何在现在的竞争社会中取得成功的人，而是**那些能够创造出新的价值观和新的规则的人**。如果现在社会的竞争状态持续下去，那么将来几亿人都会在争夺一个小馅饼。

然而新的时代即将来临。在那个时代，会有人发明新的馅饼，会有人创造出另一维世界，在另一维世界中，商业模式跟现有的完全不同。那个时代需要的将是这样的人才，就是能够把对地球有益的事情，通过必要的形式创造出来。

也许这样的话题让人觉得太壮观了，然而这的确是时代的要求。如果

大家能把这作为看问题的一个方面，并牢记在心里，那么作者将感到非常高兴。

编程技术既能**直接运用到目前的商业活动中**，用更长远、更广阔的眼光来看，**又提供了改变自身观念的机会**。通过把编程技能掌握在手，就会产生意想不到的想法。

如果你有很多想法而没能付诸现实，或者你喜欢胡思乱想，并经常有一些好点子，那么编程就是适合你的，请一定要学习编程。将头脑中的想象，变成看得见、摸得着的"形式"，这就是编程。

学习编程，就能找到目前课题的本质，也就知道应该如何去具体地行动。

专栏

孔德拉契夫波

下图被称为**"孔德拉契夫波"**，由俄国经济学家孔德拉契夫提出，指的是在某一个领域出现划时代的新技术的时候，与这个领域相关的产业就会产生，接着在这个产业上便会开发出各种各样的新产品，结果整个产业呈现出非常繁荣的景象。然而不久这个新兴的产业就会饱和，跟这个产业相关的产品越来越难卖出去，这种不景气的现象将一直持续到新的技术革新再次发生。普遍认为孔德拉契夫波的周期大约为五十年，从工业革命到现在，一共出现了四次孔德拉契夫波。

● 孔德拉契夫波

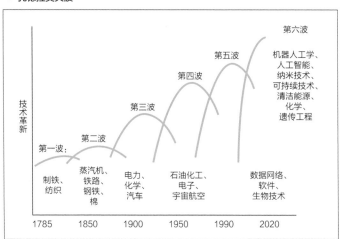

参考出处 The Natural Edge Project:Bain Consulting, Michael Porter（Harvard Business School）

实际上，钢铁行业的技术革新的出现经过了一百年，在汽车行业，从1920年汽车的出现，到混合动力车的出现经过了八十年。在这样的情况下，互联网技术的发展异常迅猛。仅在亚马逊和谷歌出现几年之后，我们的生活就发生了巨大的变化。科学技术的进化正在加速，而这样飞越性的发展前所未有。现在物联网、人工智能、机器人工学以及大数据等都普遍受到关注，在这些方面，将来都可能发生数据化革新。

03 学习编程的五大益处

在这节中，我们将继续介绍学习编程的益处。学习编程的直接益处是**"通过编程，可以制作新的软件或执行程序"**，不过，学习编程还能带来其他收获。

前面我们就稍微提到过，通过学习编程的基础知识，**可以提高逻辑性思考能力（逻辑思维）和解决问题的能力。培养信息技术的素养**也是学习编程的一大收获。这些能力不仅对于软件工程师是必需的，而且对于各种人群，从儿童到成人，都是需要掌握的"基本技能"。

学习新的"思考方法"

苹果公司创始人史蒂夫·乔布斯在谈到学习编程的重要性时，曾这样说道：

> "我认为美国人都应该去学习计算机编程。通过学习计算机语言，人们将学会一种'思考的方法'。这就像去法律学校学习一样，没有人会认为去法律学校学习的人，都应该成为律师。而实际上，在法律学校的学习会对人生提供帮助。因为在那里我们可以通过一定的方法，学会对事物的思考方法。"

实际上他在Code.org（P.70）的视频中也曾说过，**"从编程中我学会了考虑问题的方法"**。

理解社会的运行机制

在信息技术如此普及的时代，不理解计算机的运行机制，也就意味着不能理解社会的运行机制。现在不用说水电煤等社会的基础设施是由计算机管理和控制的，就连汽车、医疗仪器等，可以说世界上几乎所有的东西都由计算机管理和控制。离开了软件，整个社会将停止运转，而制作出这些软件的技能正是编程。要理解社会的运行机制，就离不开"编程"，这样的说法毫不夸张。

提高逻辑性思考能力（逻辑思维）

"逻辑性思考能力（思维能力）"是在社会上工作的人都必须具备的一种商务上的基本能力，而一般认为这种能力是可以通过练习获得的。将头脑中的想法写在纸上，或者站在对方的立场上考虑问题，都能提高这种能力。逻辑性思考能力（逻辑思维），直接来说，就是**"按照事情的先后顺序、因果关系，严谨地思考问题的能力"**。通过学习编程，大家肯定能够掌握这样的能力。

在编程中，实际要做的事就是**"将若干个小命令组合起来成为程序，然后让整个程序去实现某种功能"**。因此在学习编程的过程中，**逻辑组合的能力**会得到锻炼，进而提高逻辑性思考能力。

例如，大家可以想象一下，要在纸上画一个圆的情景。想让坐在旁边的朋友帮忙的话，只要把纸和笔递给他，并跟他说一声："帮我画一个圆吧"，画圆的课题就解决了。

而如果想让计算机帮忙，那么仅仅这样做是不够的。跟让朋友帮忙的时候相比，还需要对计算机发出更为详细的命令，比如在哪里画、画多大、画什么样子、用什么颜色、画几个等。

请看下图，这是在使用编程教材**"点灯机器人"**（P.73）进行编程的时候，其中的一个中间过程的截屏。看下图就能知道，程序是由小模块（命令）的集合组成的[1]。

● 用"点灯机器人"编程的例子

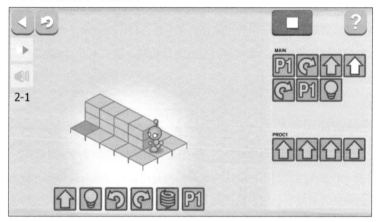

像这样，要通过使用计算机将自己头脑中的想法具体化，就必须考虑**"怎样发出指令"**和**"怎样进行表达"**，同时将想法转化为具体的形式。因此在学习编程的过程中，**逻辑性思考能力和表现能力**都能获得提高。

作为参考，我们试着用具有逻辑性思考能力的图形，画出"登录"的过程。我们在使用应用软件或互联网的时候，经常需要"登录"。画出来以后，"登录"的过程转化为下图那样的形式。

---

[1] 在目前为止的介绍中，有的读者可能还不能完全理解这些内容跟编程的关系。在本书的后半部分，将具体地介绍用"点灯机器人"学习编程的实际方法。因此请还不理解的读者稍等片刻。

● "登录"的流程图（计算机的处理）

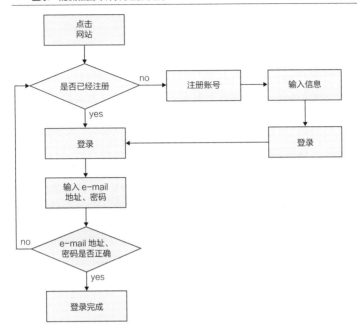

专栏

编程教育和"九岁的瓶颈"

编程教育是否有助于打破"九岁的瓶颈"，最近这样的话题正在一些地方受到热议。

"九岁的瓶颈"，顾名思义，就是九岁或十岁的小学生在学习上碰到的瓶颈。在日本的义务教育中，一直到小学低年级，学习的中心内容都是**"具体的便于理解的学习，例如，通过眼睛观察并确认等"**。到了小学三、四年级，在算数上才会出现**"用九九乘法口诀进行逻辑性思考"**的计算，例如"除法"、"分数"、"小数点以下的计算"等。结果，以小学三、四年级为分界线，出现了越来越多学习困难的学生，这样的现象被称为"九岁的瓶颈"。对于这样的问题，由于编程教育能让学生们在游戏中学习，并能培养学生们的逻辑性思考能力，因此大家都期待编程教育能有助于打破"九岁的瓶颈"。

掌握解决问题的能力

一般认为，学习编程就能**"掌握解决问题的能力"**。为什么呢，因为如果想让计算机去解决某个问题或课题，**首先自己要对这个问题或课题的各个方面都有正确的认识。**

问题或课题有大有小，而基本上解决问题或课题的工程（路径）如下图所示。

理解问题 → 收集信息和分析 → 考虑方针 → 实行

在这个过程之上再加上行动能力和交流能力，就是高水平的解决问题的能力。

在编程的过程中，有很大一部分的过程跟上述解决问题的过程相重合。因此**"学习编程=模拟解决问题"**，通过不断地反复学习编程，就能提高解决问题的能力。

作为例子，我们一起来考虑制作一个"井字游戏"，小时候我们经常在笔记本的背面，或者在操场的地上玩这个游戏。

● 井字游戏

毫无疑问，为了要制作"井字游戏"，首先我们必须彻底地了解这个游戏的规则。其次还要准备好游戏中所需的各种东西（〇记号和×记号，以及框线等），并考虑好游戏的结构。然后我们还需要一个控制整个游戏过程的程序。编程可以说就是这样一个过程，就是先考虑好事情的各个方面，然后转化为具体形式。

另外，在编程上实现方法不只一种，可能有很多种。"只有一个标准答案"，这样的思维方式只有在考试的时候才有效。通过**重复上述的"思考过程"，就能不断地提高解决问题的能力。**

下图是用**"Scratch"**（P.113）制作"井字游戏"时的一个截屏。"Scratch"是一个著名的学习编程的软件。刚看到这个截屏，大家可能会觉得这个过程很复杂。不过在读完本书的时候，大家就能完全理解这个程序了。请把这当做一个有趣的例子吧。

● 用"Scratch"制作的"井字游戏"

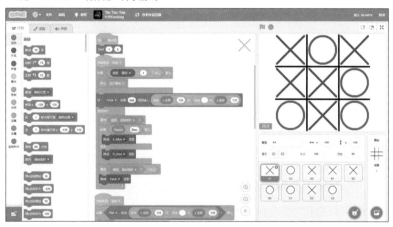

顺便说一下，提到"编程"，很多人都有这样非常深的印象，即编程就是写代码（难懂的字符串）。实际上在编程的过程中，考虑**"实现的方法"**的时间反而要比写代码的时间要长得多，这些"实现的方法"的内容

包括**"为解决问题而提出假设"**、**"为实现更好的功能而规划结构"**和**"为保持前后一致而制定规则"**等。而写代码，真的是在最后的最后才做的事情。

让想法变为具体的形式

松本行弘（Yukihiro Matsumoto）是日本软件工程师中的代表人物，同时也是计算机语言"Ruby"的发明者，他曾这样说过：**"编程不是面向计算机的翻译，而是一种表达自己想法的方式"** [2]。

通过将想法写入程序，就能理清思路。然后再进一步制定规则，计算机就能代替自己工作。这样自己的力量就增强了好几倍，可以说这才是学习编程的最大收获。

有关编程的学习已经进入了这样的时代，就是可以用下面的第三种方法进行编程，而在一百年前这是无法想象的。

第一种：自己动手编程
第二种：委托他人编程
第三种：让计算机编程

那些不自己编程的人（只运行他人程序的人），**只能在别人制定的规则和框架中，做事或玩游戏**。而如果学习编程，那么就能自己制定这个世界（软件）的规则和框架。

顺便要说的是，如果既有想法又具有编程素养，那么就完全没必要自己一个人开发整个操作软件或应用软件。软件的开发可以委托给其他公司，还可以跟其他人合作，通过组建团队开发软件。

重要的是**要对自己"考虑的事情"和"实现的方法"，头脑中有一个清晰的画面**。这些"考虑的事情"和"实现的方法"才是把想法转变为程序的关键。世界上有数不清的编程专家，从现在开始学习编程的人，没必要都

---

[2] 在角川ASCII综合研究所举办的"为什么编程是必要的"讲座上。

成为编程专家。考虑程序的规则和框架，不但会带来好几倍的乐趣，而且也是非常有意思的事情。

另外，通过学习编程，还可以提高表现的能力、交流的能力和检索的能力（在互联网上搜索所需信息的能力）等，这些能力都是今后生活中必需的能力。

专栏

编程能给人们带来希望

日本是一个社会的贫富差距较小的国家，因此人们可能很难体会到，对于世界上的很多人，"编程技能"就等于"希望"。对于那些生活在男尊女卑的国家的人，或者生活在高失业率国家的人，编程就是他们的希望。通过提高编程技能，就有机会走向世界。

编程只需要一个联网的环境，之后就全靠个人的努力，自己想学多少就能学多少。自己制作AI（人工智能）的软件或无人机的软件，也不再是梦想。网上还有很多可以免费学习的学习环境，以及可以免费使用的开发工具。跟其他领域的学习相比，编程学习的特点就是初期投入较少。

04 学习编程的方法 日新月异

在这节中，我们将简单地介绍编程的学习方法和编程教育方面的现状。

最新的编程教育法对成人也有效

谈起编程教育，报纸和杂志经常以小学生或中学生为讨论对象，其实编程的学习方法对成人也有效。**在编程中学到的学习方法并不只对小学生和中学生才有效。**学习编程的方法日新月异。为了能更有效率、更有效果地学习编程技能，专家们进行了各种各样的研究，并把这些研究的成果都反映到了最新的学习方法中。

因此，了解编程教育现状，并采用最新的学习方法进行学习，这对于所有**"刚开始学习编程的人"**，无论是大人还是小孩，都是有效的。请大家一定要牢记这一点。

不过，要是真的跟小学生一起上课，相信很多人还是会很有抵触情绪的。其实现在有各种面向成人的学习编程的讲座，以及各种在网上免费学习的软件，所以请大家放心，应该不会出现这种情况。

那些把编程作为一项社会的基本技能而要学习的人，或者那些把成为软件工程师作为目标的学生们，或者那些把编程作为一项退休后的新挑战而学习的人，所有这些人都可以将最新的编程教育方法，灵活地运用到自己的编程学习中。

日本的编程教育起步较晚

编程教育的现状是怎样的呢？如果将目光转向世界，那么可以看到在**英国、芬兰和澳大利亚，编程已经成为从小学开始就要学习的必修课。**而在我们的邻国韩国，也计划将编程放入中学的课程中。在美国，在很多学校就能学到实际的编程技能。像这样，世界各国都对学习编程技能提出较高的要求。

而在日本，一直到几年前，只有在极少数的小学或初中开设了编程的课程（编程兴趣小组等除外）。在高中阶段，学校也只是在"社会和信息课"等课程中，介绍一些有关编程的一般常识。即使在大学，如果不读理科，那么就不会有机会在大学的课程中学习编程。而这样的状况，正是造成日本"软件工程师不足"的一大原因。

现在，作为一项国家战略，培养高水平的软件工程师，已经作为一个紧急课题被提到了议事日程。**日本政府也终于开始考虑要从2020年起在小学阶段，实现编程课程的义务教育化。**

在全世界的范围内，并在政府的主导下，**"培养编程技能"**这项巨大的工程正在开始启动。

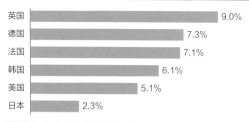

● 信息类学科毕业生的人口比例（％）

英国	9.0%
德国	7.3%
法国	7.1%
韩国	6.1%
美国	5.1%
日本	2.3%

参考出处 "第六次产业竞争力会议"
（http://www.kantei.go.jp/jp/singi/keizaisaisei/skkkaigi/dai6/siryou11.pdf）

编程的学习方法和教育方法还处在研究阶段

单单列举事物好的一面是不全面的，现在我们再来介绍编程教育中不足的一面。

实际上，在现在正在实行的有关编程的学习方法和教育方法中，仍存在着一连串的试行错误。 由于大多数教育方法的效果，都不可能在短时间内显现出来，因此，现在就下结论："**这样的教学方法最好、最完美**"等，给出"百分之百正确的答案"，还为时太早。面向社会一般群体的编程教育刚开始了几年，第一期的学生现在只有二十出头，到他们今后能够发挥编程教育的学习效果，可能还要等上几年。因此，跟数学、语文和物理等这些教学历史较长的学科相比，编程教育在学习方法上积累的经验比较少，是个无可争议的事实。

不过由于学习编程有很大的紧迫性，**现在世界范围内有数千万的人正在通过各种实证实验，研究学习编程的方法。因此在学习编程的方法上，正以惊人的速度改善，成果也开始显现。** 例如（作者身边的一个例子），在作者所在的公司，在参加过我们公司开设的编程讲座的人中，就已经有人通过把想法转变成具体的形式，成功创业并顺利融资，还有人从一个没有编程经验的营销人员，跳槽到信息技术的大公司，成为软件工程师等。现在，通过学习编程，做出成绩的人变得越来越多。

另外，在学习方法上，每个人都有自己擅长或不擅长的地方。对于本书中介绍的几个学习编程的方法，请大家都去实际尝试一下。具体的学习方法将在本书的后半部分详细地介绍。

编程充满乐趣

以下是补充说明。很多人一听到"编程"，脑海中马上就会浮现出眼睛紧盯着计算机屏幕，手中输入一连串像密码般的字符，并操作计算机的码农们的样子，于是就觉得编程"看上去很难"、"看上去很苦"、"学不会"等，出现各种负面情绪。其实这只不过是因为旧有的学习方法给大家留下了太深的印象。

最近学习编程的环境备受关注，学习编程的情景已经跟上面的样子完全不一样了。在小学和初中的初级学习阶段，很多学校都采用了**"可视化编程语言"**，在学习编程的时候不需要输入一连串文字或数字，而是像搭积木一样组合程序。

下图是可视化编程的一个例子。跟大家想象中的"学习编程"的样子很不一样吧。

● 可视化编程语言的例子（code.org）

实际上，如果采用了最先进的学习方法，那么在课堂上我们将看到完全不一样的风景，不管男女老少，几乎所有年龄段的人都能真正愉快地学习编程。看到这样的情景，相信大家就可以深切地感受到，编程不再是"一部分狂热的计算机爱好者们热衷的事情了"。

因此，请大家一定要丢掉过去的学习方法，而**采用最先进、最高效的方法学习编程。**相信大家一定能在愉快学习中，顺利地掌握编程技能。

● 学习编程的场景（code.org）

©Lucélia Ribeiro(https://www.flickr.com/photos/lupuca/8720604364)

既高效又扎实地
学习编程的方法

The best way to learn computer programming.

01 什么是"学习编程"

大家都在谈论"学习编程",实际上其中的内容却丰富多彩。根据国家和地区的不同,或者根据学习者的年龄、爱好和目的的不同,会有各种各样的学习方法。像这样存在着无数种学习方法的情况,从"能够对应各种需求"的意义上看,这当然是求之不得的状态。不过,对于那些从现在开始学习编程的人,无疑也就意味着"无从着手"。

在这节中,我们将暂时重回原点,从第三者的角度探讨"究竟什么是编程",以及"世界上有些哪些学习方法"。

"编程"的两大工程

本书是以"第一次学习编程的人"为对象的"编程入门书"。读到这里,很多读者可能知道什么是"编程",不过在这里请让我们再一次介绍"编程到底是做什么的"。

编程的全部含义就如它的字面那样,即"编写程序"。而细分的话,编程可以分为"产生想法和设计"和"开发"两大工程。

产生想法和设计

· 斟酌想要实现的想法
· 考虑要做怎样的产品或服务
· 考虑如何实现这样的想法

· 为了要实现这样的想法，考虑构成和结构等

· 为了实际制作，开始画设计图，以及写设计书

开发

· 看着设计图和设计书，按照编程语言的语法写代码（Code）

· 测试写好的程序，确认程序是否按预想的结果运行

　　上述两者的关系，也许跟建筑师和建筑队之间的关系相似。在建筑师和建筑队的关系中，建筑师考虑（又设计）"要建造怎么样的建筑，怎样去建造"，而实际建造的则是建筑队。

● 设计和开发

计算机语法可以以后再学习

　　上述的两种工程，就如同车子的两个轮子，是缺一不可的。因此，即使在自学的时候，也需要经历这样的流程，即先斟酌想法，然后整理必要的功能，最后转化成代码。

在从前的编程教育中，最大的**难点在于在斟酌想法，或者在考虑实现想法的结构之前，先要学习开发程序时所需的"特定的计算机语言的语法"**，即那种"先学理论和语法，后实践的学习方法"。这类学习方法的效果并不是很好。

对于那些还不习惯编程的人，编程语言的语法就是一串咒语般的难懂的字符，因此在刚开始的时候，为了实现一个简单的处理，往往就要花费很大的力气。因此在一开始的理论学习阶段，很多人就放弃学习了。

不过在现在的编程教育中，**在实际制作程序的同时（或者在这之后），学习编程语言的语法，**这样的学习方法正在成为主流的学习方法。

通过这样的学习，对于"通过现在所学的内容，以后能够实现怎样的功能"，学习者会产生更加具体的印象。因此跟从前相比，半途而废的人大大减少，并且还能更加有效地进行学习。

看下图就可以知道，从前的学习流程（过程）和现在的学习流程有着很大区别。

● 从前的学习方法和现在的学习方法的区别

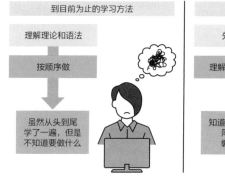

编程技能的最大价值在于能够让想法转变为具体形式

编程技能的最大价值，在于能够让想法转变为具体形式。换句话说，归根结底，**编程只不过是让想法转变为具体形式**的一种工具。

因此，无论出于什么原因开始学习编程，我们都建议大家尽可能将**"让想法转变为具体形式"**作为目标，并进行学习。无论怎样的想法都没问题，想法可以是有关喜欢的游戏，或者是有关网上的服务，或者是有关苹果手机的应用软件，不管什么想法都可以。大家"想要实现的事情"都能成为想法的种子。请尽情地发挥自己的想象吧。

Section

02 最好的学习编程的方法

　　那么，实际上有哪些学习方法呢？现在有关编程，有下面的几种学习方法。

- 通过书籍和互联网等进行学习
- 通过编程的学习软件进行学习
- 参加研讨会
- 去跟编程有关的学校学习

　　将这些学习方法的特点进行归纳总结，则会成为下图的样子。请大家先浏览一下总体的情况。

● 有关编程的学习方法的比较

	书籍	学习软件	研讨会	学校
学习环境	自己	网上交流小组	团体	团体或者个人
理解程度	△	○	○	◎
进度	按照自己的节奏	按照自己的节奏	按照全体的节奏	可以根据个人的进度调整节奏，团体的话，则很难进行个别调整
可持续性	△	△	×	◎
成本	○	◎	○	△
地点	任何地方	任何地方	以大城市为主	任何地方
对象者	中级～高级	初级～中级	初级	初级～中级

至于其中哪一种学习方法最好，最终主要取决于实际学习编程的你们，将根据你们各自的爱好，以及相适度决定。另外，各种学习方法都有优点和缺点，因此不能一概而论地认为"这种方法绝对好"。希望大家在充分地考虑了自己的性格、生活方式以及预算等方面之后，再决定采用哪一种学习方法。

不过，对于编程的初学者，**作者推荐按照以下的流程进行学习**。

1. 通过使用有关编程的学习软件和教材软件（收费/免费）进行学习
2. （任意）参加研讨会/去学校学习
3. 通过书籍和网上信息等学习

不过，只通过其中的某一种方法，就要百分之百地掌握编程技能是很困难的。随着编程技能的熟练程度的变化，不断地切换到最佳的学习环境，这是关键。从这个意义上看，建议大家按照上面的三个阶段进行学习。

在这里，我们将对各个阶段做个简单的介绍。具体的内容将从下一章开始分别进行讲解。

1. 使用有关编程的学习软件和教材软件

对于那些毫无编程经验的人，建议他们在刚开始的时候采用**网上可以免费使用的学习编程的软件**，或者可以在苹果平板电脑和个人电脑上使用的**教材软件。这对大人和小孩都一样**。

世界上有各种各样的学习网站，有很多学习网站都采用学习门槛低的**"可视化编程语言"**，请大家一定要从中挑选一个去试一试。**本书的目的，**在于详细地介绍这个阶段上的学习方法，而对于提高逻辑性思考能力和解决问题的能力，这个阶段产生的影响会最大。有关具体的软件和学习方法，将在第二部分（Part 2）中进行介绍。

通过使用网上的学习网站和教材软件进行学习，这样的方法具有以下优点。

- 可以在自己家里，二十四小时内随时开始学习
- 可以免费使用很多软件（也有收费的）
- 可以学习编程的"设计"（逻辑性思考方法和解决问题的能力）
- 可以随时接收到最新的编程教育的研究成果

    如上所述，对于初学者，通过使用学习软件和教材软件进行学习，是最合适的。这样的学习入门门槛较低，也没有任何风险。很多软件一开始就像在玩游戏。有人甚至觉得：**在不知不觉中，就已经掌握了编程上的思考方法。**

    因此，在小学和初中的教学中，很多课程的中心内容就是让学生实际使用在线的学习网站和教材软件。

    那些听到"编程"这个词，就会觉得"好像很难"的人，如果从这个阶段开始学习，就不会再有这样的感觉了。

[POINT] **学习软件和教材软件的缺点**

    通过使用学习软件和教材软件进行学习，是作者最想推荐的学习方法，不过这样的学习方法也有几个缺点。

    第一个缺点是，在一个人使用软件的时候，如果碰到问题，那么为了解决问题就会花很多时间。而如果跟有经验的人一起使用软件，或者几个人一起学习，那么问题就比较容易解决。这是一个人在刚开始学习的时候，这个方法的一个缺点。

    第二个缺点是，一些软件只提供英语的版本。不过，日语版本的软件有很多，对英语完全没有自信的人需要选择那些日语版本的软件。

    不过，由于很多软件把儿童作为使用对象，这些软件里的英语都非常通俗易懂，使用这些软件，并不需要很高的英语水平，因此请那些不擅长英语的人也一定要去挑战一下。

2. 参加研讨会/去学校学习

通过网上的学习软件和教材软件，掌握了一定程度的编程基础之后，**作者建议大家下一个阶段去参加几次研讨会和训练营（集中学习编程的活动），或者去学校学习。**

在研讨会、训练营或者学校的学习中，由于在<u>规定的时间内要做出成果（软件或程序等）</u>，对于初学者，这将是一种很好的经验。另外，通过跟水平相同的人交流，也有助于自己保持学习热情。

全国各地都会频繁地举行研讨会，我们将在第十一章（Chapter 11）中介绍这方面的几个信息源，请大家在充分考虑日程、时间和预算等因素之后，再考虑是否要去参加这些研讨会。

在这个阶段，如果能够掌握编程上的思维方式和思考方法，以及基本的开发技能，那么以后即使通过书籍或网上信息等进行学习，也能不断地增长知识。那时候跟没有掌握基础的人相比，学习的速度将会快很多倍。

无论哪一门学科，都可以这么说：最关键的就是"基础"。通过网上的学习软件、研讨会、训练营以及学校等，请大家扎实地掌握编程的基础吧。

[POINT] 对于那些敏感的人，建议进行一对一学习

在有编程课程的学校中，有的学校设有一对一的课程。虽然有疑问或者想提问，却因为太在意周围人的目光，而在课堂上一直不发言，这样的人可以考虑有一对一课程的学校。跟一般学校相比，这些学校的收费较高，不过学习者会更容易理解课上的内容，也会更有充实感。

3．通过书籍和网上的信息等进行学习

这种方法是现在的主流学习法。去书店选购所需的书籍，然后通过阅读书籍进行学习。对于那些具备一定的基础知识，或者有明确学习目标的人，可以说这是最轻松、最方便的学习方法。

另外，最近网上也有很多高质量的信息源，大家通过参考这些信息，也能不断提高编程技能。

有关使用书籍和上网的学习方法，我们将在第十一章中提出一些建议。

欢迎来到编程世界

在美国，每年十二月都会举行一个名为**"计算机科学教育周（Computer Science Education Week）"**的活动。

● "计算机科学教育周"的官方网站

URL https://csedweek.org/

这项活动以**在全世界普及编程教育**为目的，其中的一项活动就是**"编程一小时（Hour of Code）"**（P.70），"编程一小时"主要以学生（小学生～高中生）为对象，为了让大家熟悉编程，提供各种各样的活动（当然成人也能参加）。

在这项活动的开幕式上，美国前总统奥巴马发表了以下演说[1]。

---

[1]　Hour of Code "President Obama asks American to learn computer science"

> "学习编程，不仅对大家的将来很重要，而且对美国的未来也很重要。美国要保持世界领先的地位，就需要有掌握编程和技术的年轻人。
>
> 不要只买游戏，而要自己编游戏。不要只下载最新的软件，而要自己设计软件。对这些游戏或软件，不要只是玩，而要自己编程。
>
> 一开始就会编程的专家是不存在的。然而只需要一点努力，以及数学和科学的学习，那么无论是谁，都能成为程序员。不管你是谁、住在哪里，计算机都将在你未来的生活中占据重要的部分。如果你努力学习，那么就能用自己的双手开创美好的未来。"

奥巴马前总统在这项活动之前，就曾发表过有关编程教育的重要性的讲话，对于编程的义务教育化，他这样说道[2]：

> "编程学习成为必修课是合理的，我也有这样强烈的愿望。不只是消费已有的游戏，而是自己能用计算机做出点什么，我希望大家都能具备这种能力。
>
> 年轻人通过选择是否要去四年制大学取得学位，再规划自己的职业生涯，随着关心数据化技术的年轻人不断增加，能不能在高中就教给他们编程的技术和图形设计的技术呢？"

编程技能的重要性，在计算机诞生到这个世界之后，就经常被谈及。而最近几年，这种重要性明显地上升到了一个新的高度。这种趋势不仅在美国，而且也在全世界出现。

不错，现在正是开始学习编程的绝好时期。请一定不要只是阅读本书，而是要实际动手，并不断地学习。通过这样的学习，你一定能得到巨大的收获。那么，前言就到此为止了。从下一章开始，我们终于要开始具体地介绍世界最强的学习方法，并同时开始真正地学习编程。

---

[2] The WHITE HOUSE "President Obama on Computer Programming in High School in a Google+ Hangout"

经过科学检验的学习编程的效果

在这里，我们将介绍编程学习所产生的效果。到目前为止，在世界各地进行的各种研究和实证实验，都证明了编程学习的实际效果。

参加研究和实证实验的被实验者，大多数是儿童。不过，对于那些正在犹豫不决，考虑要不要学习编程的成人，这些实验结果也具有参考价值，请大家一定要阅读下去。

● 通过使用"Logo"，学生的创造性和解决问题的能力都得到了提高

"Logo"是一种操作环境，在"Logo"上，将通过输入命令，来运行程序。最近有关可视化编程的研究众多，而印度尼西亚的建国大学进行的研究，是通过"Logo"进行的有关编程的研究[1]。这份研究报告作为一项最新的研究成果，非常珍贵。

● 海龟学院的"Logo"

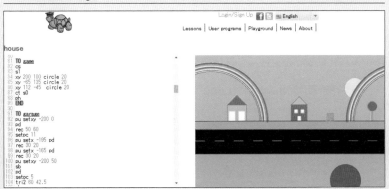

---

[1] "The Effect of Logo Programming Language for Creativity and Problem Solving"

参加这项研究的是印度尼西亚的85名小学生。在八周的时间里，小学生们用了大约10小时的时间，在海龟学院（Turtle Academy）上通过"Logo"学习编程。

有关解决问题能力的检验和测量，是在印度尼西亚的大学开发的**"创造性思维指数（Creative Thinking Figural）测试"**上进行的。测试的结果如下图所示。

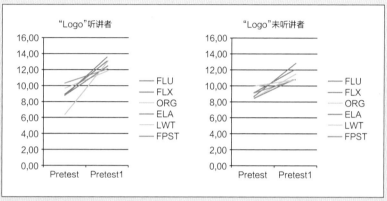

凡例：FLU：流畅程度/FLX：灵活性/ORG：独创性/ELA：仔细程度/LWT：逻辑思考能力/FPST：解决问题的能力

从上面的测试结果图表中可以看出，用"Logo"学习编程的听讲者（左图）的全部指标的平均值都达到了12.74，而未听讲者的平均值为11.49，两者相比就可以看出，听讲者全体的平均值较高，并且几乎所有的听讲者都达到了同样的技能水平。

从中我们可以知道，用"Logo"体验过编程学习的小组，在独创性和解决问题的能力上都得到了提高。其中，独创性的提高幅度最大，在体验了"Logo"之后，这个值增加了207%。

● 有效提高幼儿的排序能力

根据美国马萨诸塞州的塔夫茨大学的实验结果，我们可以知道，如果让幼儿也去体验编程，那么可以**提高他们的排序能力**[2]。很多人听到"排序能力"，可能会觉得不知所云。排序能力是一种有助于提高**"组合物体的能力"**的能力，而"组合物体的能力"在逻辑思考能力（逻辑思维）上则是必需的。一般认为，要训练一个不满九岁的孩子，提高他的逻辑性思维能力，是很困难，不过这个实验结果却提供了一个好的例子。

实验中使用的编程教育软件，是塔夫茨大学开发的一个名为**"CHERP"**的可视化编程语言的软件。参加编程的孩子的平均年龄为5.5岁，男孩和女孩一共34人（男孩占68%，女孩占32%。未入园的儿童占29%，幼儿园儿童占71%。有计算机经验的占七成，9%的孩子不会操作鼠标）。

编程体验一共进行了1.5小时×3次，总计4.5小时，而对于孩子们在体验了编程之后的效果，则通过一个名为"图形顺序测试（Picture Sequencing Test）"的方法进行测定。结果，报告显示，在体验了编程之后，全体儿童的平均分数提高了20%。

● 在实验中使用的软件"CHERP"

参考图像 https://ase.tufts.edu/DevTech/tangiblek/research/cherp.asp

● 使用CHERP前后排序能力的测定值

—————————— 结果 ——————————
使用 CHERP 之前：7.06 → 使用 CHERP 之后：8.44

---

[2] "The Impact of Computer Programming on Sequencing Ability in Early Childhood"（塔夫茨大学）

Part **2**

用世界上
最先进的
方法开始
学习编程
—

An introduction to programming for beginners.

主要学习工具的
概要和特点

Learning services and their features.

01

世界上最先进的
编程学习法

让大家久等了，从现在开始，我们将介绍世界上最先进的学习方法，
同时开始学习真正的编程。在这些学习方法中都采用了世界各国正在实施
的有关编程的学习软件和教材软件。

编程教育的倾向

首先，让我们对目前在编程学习上的倾向做一个简单介绍。

计算机诞生于上世纪七、八十年代，从那时开始编程教育就已经存在
了。不过最近几年，编程教育在内容和倾向上都发生了以下变化。

以前：要成为软件工程师的人需要学习编程，编程教育是为这些人准备的。

现在：无论是社会上的普通成人还是儿童，跟信息技术产业没有直接关系的人
也要学习编程，编程教育是为所有人准备的。

请大家首先记住这个重要的区别，然后继续阅读本书。

针对初学者，建议使用学习软件和教材软件

正如前面一章所介绍的，我们建议初学者在一开始的时候，使用教材
软件进行学习。教材软件是指那些可以在网上免费使用的**学习编程的软**
件，以及那些可以使用在苹果平板电脑、苹果手机和个人电脑等上面的
软件。

这些软件的名称虽然都为"编程的学习软件"或"教材软件"，但是
里面的内容却千差万别。因此，在介绍各个软件的使用方法之前，我们将
根据这些软件在学习方法上的特点，分别介绍几种具有代表性的服务软件

和应用软件。对于那些正在考虑是否要进行编程教育的老师或家长来说，这里的内容也具有参考价值。

[POINT] 如果是初学者，那么大人和小孩没有不同

在本书的前半部分，我们介绍了编程的学习软件和教材软件，在这些软件中，很多都可以从四、五岁开始学起，还有很多以中小学生为主要使用对象。**不过如果在编程上毫无经验，那么大人和小孩就没有区别。**有关本书所介绍的编程的学习软件和教材软件等，当然大人也可以使用。这不是让大人"跟小学生一起坐在教室里学编程"，只是请大人也一定要去挑战一下这些软件。

在本书的后半部分，将介绍一些难度较高的编程的学习软件。高中生以上的人群，当然也包括成人，在通过这些软件进行学习时会觉得很有意思。不过如果是初学者，马上就进入这样高难度的学习，反而不会获得好的学习效果。因此，我们建议大家不要拘泥于自己的年龄，而是根据目前实际的学习情况（理解程度和掌握程度），选择适合自己的编程学习软件和教材软件。

● 高难度的学习软件"编码学院（codecademy）"的学习画面

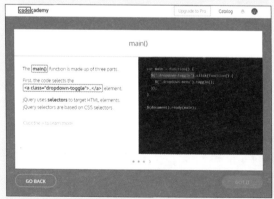

Section
02 推荐给初学者的
四种学习工具

首先我们将为初学者推荐四种学习软件（包括教材软件）。世界上存在无数的学习网站和教材软件，如果不具备任何有关这方面的知识，就开始寻找要用的软件，那么很快就会变得茫然不知所措。建议大家首先以这四种软件作为第一候补，然后再考虑到底使用哪一种软件。

- 编程一小时（Hour of Code）
- 点灯机器人（Lightbot）
- Scratch
- 编码猴（CodeMonkey）

有关以上软件的内容，我们将从下一章（第四章）开始介绍具体的使用方法。请大家先看下面的概要，如果觉得这种软件比较适合自己，那么就一定要实际使用。

超过五亿人次都热衷的"编程一小时（Hour of Code）"

"编程一小时"是一种非常优秀的软件，它提出的概念是"让我们只用一小时学习编程"。在"编程一小时"上，可以像玩游戏一样地学习编程。"编程一小时"是一种可以**免费使用**的软件，由美国的一家非盈利性组织**"Code.org"**运营。

"编程一小时"可以在互联网上运行，它的基本语言为英语，不过它也提供包括日语在内的各种语言，现在世界各地都有人在使用"编程一小时"。到目前为止，已经有180个国家、超过五亿人次的人参加了"编程一小时"，其中的著名人物有美国前总统奥巴马。

● "编程一小时"

URL https://code.org/

　　"编程一小时"的优点是**"可以马上确认自己刚才制作的程序"**。在这个软件中，会出现很多熟悉的人物形象（例如《**星球大战**》、《**冰雪奇缘**》等电影中的人物形象）。用户在刚看到这个软件的时候，会觉得这些特别吸引人。像"编程一小时"这样，**可以让人在不知不觉中学习编程的软件，在世界上也是独一无二的**。从这个角度来看，"编程一小时"的确是非常出色的软件。

　　另外，那些已经学完"编程一小时"的人，可以继续学习更高级的教程。如果有人对编程毫无经验，又对编程有些心理障碍，那么请一定要从"编程一小时"开始学习。相信大家马上就会发现，原来自己在编程方面蕴藏着无限的潜力。

　　有关"编程一小时"的详细内容，将在P.85具体地介绍。

● "编程一小时"一开始学习的画面

● "编程一小时"中出现的星球大战的场景

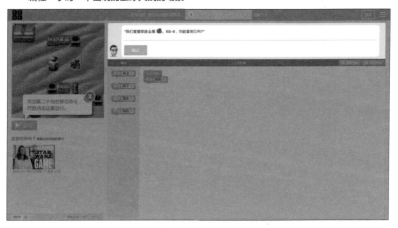

四岁就可以学习的"点灯机器人（Lightbot）"

"点灯机器人"也是一种学习编程的软件，由加拿大点灯机器人（Lightbot）公司开发和运行，"点灯机器人"于2008年首次发布。

在"点灯机器人"上，可以通过富有视觉效果的操作，像玩拼图一样掌握编程上的思维方式，因此小学低年级的学生学起来也不会觉得枯燥。另外，从个人电脑到<u>安卓的操作系统，以及苹果手机和苹果平板电脑，它都有对应的版本</u>，具有无论何时何地想学就能学的优点。在设计上，<u>每过一关只需要五分钟左右的时间</u>，因此我们特别推荐给那些喜欢玩游戏的人。

● "点灯机器人"

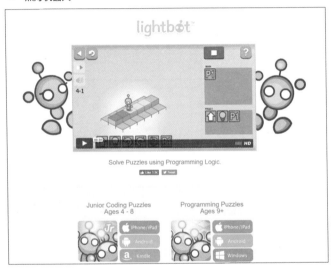

URL https://lightbot.com/

"点灯机器人"只有一部分有日语版，基本上是英语版，这点是大家需要注意的。有关"点灯机器人"的详细内容，我们将在P.105进行具体介绍。

麻省理工学院（MIT）开发的教材软件"Scratch"

对于所有的学习，应该都可以这么说，要坚持下去，关键在于要**"学而有所乐"**。如果一开始就觉得很吃力，那么学习的热情很快就会熄灭。

从这个意义上说，**"Scratch"**是最适合初学者的学习软件之一，它由**麻省理工学院（MIT）**的多媒体实验室开发和运行。

在Scratch上学习编程，就像在玩游戏，同时又能够学到有关编程的理论和概念，因此Scratch在世界各地都备受欢迎。

另外，**Scratch也有中文版，**对于不怎么擅长英语的人，它也是最合适的教材。请大家一定要去实际挑战一下Scratch。有关Scratch的详细内容，我们将在P.113具体地介绍。

● Scratch

URL https://scratch.mit.edu/

以色列的创新企业开发的"编码猴（CodeMonkey）"

"编码猴"是"一种游戏软件，即使是那些到目前为止从没编过程序的人，也能随着游戏的进行，自然而然地学会怎么编写程序"。开发和运行"编码猴"的是以色列的软件和游戏公司编码猴工作室有限公司（CodeMonkey Studios ltd.）。

"编码猴"是一种只能在个人电脑上运行的软件。学习者可以一个人边玩边学，也可以几个人同时学习。在国外，越来越多的学校在课堂的教学中采用"编码猴"，"编码猴"的使用者也大都是9~16岁的学生。有关"编码猴"的详细内容，我们将在P.131具体地介绍。

● "编码猴"

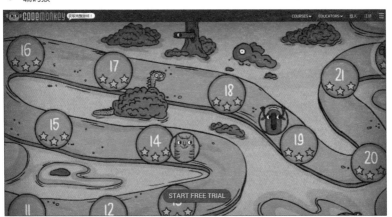

URL https://www.playcodemonkey.com/

专栏

苹果公司的"Swift 的游乐园(Swift Playgrounds)"

作为科技行业的枭雄，苹果公司也发布了一种学习编程的应用程序，即"Swift 的游乐园"。**"Swift 的游乐园"**是一种在苹果平板电脑上学习编程的环境（苹果平板电脑的应用软件）。

跟这节所介绍的"编程一小时"和"Scratch"相比，"Swift 的游乐园"是一种更加高级的学习工具。在"Swift 的游乐园"上，学习者拥有更高的自由度。因此，在熟练掌握之后，学习者可以制作出各种各样的应用软件。如果大家对这方面有兴趣，那么请一定要去尝试一下。

- "Swift的游乐园"

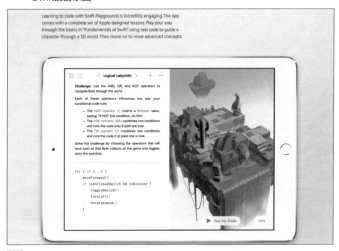

URL https://www.apple.com/cn/swift/playgrounds/

今后，除了苹果公司，各行各业的公司都会进入"编程教育"的领域，并且发布更好的学习软件和教育软件。让我们一起来期待吧。

通过控制机器人，学习编程的基础知识

　　前面我们介绍了有关编程的学习软件和教材软件，这些软件的操作全部可以在个人电脑或平板电脑的屏幕上完成。另外还有一些教材软件，**这些软件是通过组装或操控硬件（物体）来学习编程的。**

　　下图是乐高公司正在销售的教育用乐高玩具"脑力风暴EV3"。在玩"脑力风暴EV3"时，学习者可以用自己制作的程序控制玩具机器人。

● 教育用乐高玩具"脑力风暴EV3"

URL https://www.lego.com/zh-cn/mindstorms/learn-to-program

通过硬件学习编程的方法

通过硬件学习编程，这种方法的优点在于，可以一边实际接触现实世界中的物体，一边通过屏幕上的程序控制物体的动作。有了这样的体验之后，**学习者会对编程的力量产生很深刻的认识。**

因此，不只在个人的学习中，而且在各种研讨会或教育机构的面对面的教学中，都会采用机器人进行编程教育，并且很受学习者的欢迎。

硬件型的编程教材，跟市场上销售的遥控玩具不同。在采用机器人的编程教育中，学习者可以自己设计五花八门的全新的动作，只要有想法，就可以进行各种创新。

在面对面的教学中，学习者常常会被赋予某项课题，为了完成课题，就要制作机器人。**正确答案当然不只一个，**会存在着很多种解决问题的方案，学习者需要考虑**"怎样解决问题"**。这个过程将有助于提高"解决问题的能力"，而"解决问题的能力"正是社会所需要的一种能力。

此外，在需要团队合作去解决问题的时候，团队的全体成员需要互相合作，一起考虑解决问题的方法，这不仅能够提高团队成员解决问题的能力，而且还能提高他们的交流能力，以及培养他们在共同任务中互相分担的协作精神。

组装机器人型的编程教材层出不穷

由于采用机器人进行编程学习的教材在学习者中深受欢迎，这种教材的数量在近几年迅速增加。从日本国内的厂商到国外的厂商，都相继推出了各种教材的套装。在这些套装中，一般包括机器人和用于控制机器人的编程教材。

在本书中虽然不可能介绍所有的编程教材，不过我们会挑选其中主要的几种进行介绍。在各个教材中，都附有非常详细的说明书。如果从前面介绍的学习软件和教材软件中，学习者已经掌握了编程的要领，那么请一定要去挑战一下这些机器人教材。有些产品还为教师准备了说明书，有孩子的家长也可以跟孩子一起通过阅读说明书，去解决各种问题，或者在解决问题的时候跟孩子进行比赛等，这些都将带来非常多的学习乐趣。

当然跟互联网上的学习网站和教材软件不同，**这些机器人教材都是收费的**（几十元～几千元），这点是大家需要注意的。

乐高公司的"头脑风暴EV3"和"WeDo 2.0"

乐高公司是组合积木玩具业中的知名企业，乐高公司的教育部门"乐高教育"销售以下两种机器人教材。

- 头脑风暴EV3
- WeDo 2.0

头脑风暴EV3和WeDo 2.0都有自己专门的开发环境，从那里可以获取有关机器人的各种信息，例如怎样改变马达的转速，以及怎样获取感应器的信息等。学习者在掌握了这些信息之后，就可以控制玩具中的各个零件，控制的方法是组合已有的图标。因此学习者并不需要知道编程语言所特有的既琐碎又高深的语法，在这点上，它跟在前面一节中介绍的Scratch和"编程一小时"等具有相同的特点。

WeDo 2.0在2016年4月进入市场，跟头脑风暴EV3相比，它在功能上更加简洁，让学习者更容易理解编程的本质。有关WeDo 2.0，乐高公司在其官网上做了以下介绍。

> WeDo 2.0进一步发展了WeDo所带来的崭新的学习体验，通过全新的积木组合、改良后的技术和引人入胜的方法，为用户提供解决科学性问题的机会。WeDo 2.0的教材的内容以现实生活中的问题为题材，通过这样的教材，孩子们可以直接接触到教科书中所没有的科学世界。
>
> 出处 https://education.lego.com/zh-cn/downloads/wedo-2/software

● 乐高公司的"WeDo 2.0"

`URL` https://education.lego.com/zh-cn/downloads/wedo-2/curriculum

Artec公司的"Artec机器人"

  Artec公司是日本的一家教学教材的综合性企业，在日本，从幼儿园和小学，到初中和高中，大约一共有十一万三千所学校正在使用Artec的教材。**"Artec机器人"**是Artec公司销售的一种教材软件，它由两部分组成，一部分是"Artec积木"，可以横向、竖向、斜向地相互插入，另一部分是控制机器人的面板"Studuino[*1]"，即使是初学者也可以轻松使用这些面板。通过组合"Artec积木"和"Studuino"，学习者可以自由改变机器人的形状和动作。

---

*1 Studuino是Arduino的互换基板，而Arduino是一种开源电子原型平台。Studuino 的基板上预先设有接入伺服马达、DC马达和传感器的接口，把零件直接插入连接器中，线路就搭建完成了。

● Artec公司的"Artec机器人"

URL https://www.artec-kk.co.jp/artecrobo/zh/

　　为了控制"Artec机器人",用户可以免费下载Artec公司的原创软件
"Studuino图标编程环境"和**"Studuino模块编程环境"**。因此即使是初学
者,也能够毫无困难地编写控制机器人的程序。"Artec机器人"也是一种
制作机器人的工具箱,从不具备任何专业知识的初学者,到想要制作高级
机器人的高级程序员,它的用户范围非常广泛。

　　对于那些正在考虑**"要自己做个机器人"**,或者**"要了解身边事物的原**
理,并自己做东西"的小学生,以及那些正在考虑**"要跟孩子一起愉快地边**
玩边学",或者**"要培养独立思考能力"**的大人们,我们都特别推荐"Artec
机器人"。

[POINT] 机器人和编程

　　最近，软银公司销售的机器人"佩珀（pepper）"等也广受关注。人工智能、物联网和人形机器人（Humanoid）将是今后日益发展的三大技术领域。要控制人形机器人就必须要制作程序。在这个意义上，如果从培养今后人才的角度来看，那么机器人教材也许是最合适的学习教材。

其他的机器人教材

　　在本书中由于篇幅的限制，只能具体介绍上述两家公司的机器人教材。而正如前面所介绍的，现在采用机器人进行编程教育的教材正遍地开花，世界上很多企业都在开发和销售各种机器人教材。这些机器人教材在学习用途、对象年龄和可控制的范围等方面都各不相同，有兴趣的读者可以自己去进行搜索和调查，并实际体验一下。最后，我们将介绍以下几种产品，在作者写这本书的时候这些产品都非常受关注。

● 编程教育的机器人教材

产品名	开发厂家和经销商
Sovigo[1]	智慧集成
LittleBits[2]	LittleBits Electronics
Makeblock[3]	创客工场科技有限公司
Robotami[4]	Robotron
KOOV[5]	索尼国际教育

*1　译者注：Sovigo是日本智慧集成（WISEintegration）公司经营和销售的机器人教材。
*2　译者注：LittleBits是一家位于纽约市的创业公司，该公司创建了一个模块化电子的开源库，与小型磁铁搭配在一起进行原型设计和学习。该公司的目标是使硬件民主化，类似软件和印刷已经民主化的方式。LittleBits的使命是"将电子的力量交付给每个人，并分解复杂的技术，以便任何人都可以构建、制作原型和发明"。
*3　译者注：深圳市创客工场科技有限公司（Makeblock Co., Ltd.）成立于2013年，其主品牌Makeblock始于2011年，是一个行业领先的DIY机器人搭建和STEAM教育学习平台。
*4　译者注：Robotami是2011年在韩国诞生的面向小学生的机器人编程教材。
*5　译者注：KOOV是索尼国际教育开发和销售的机器人编程教材。

- Sovigo

URL https://www.wise-int.co.jp/sovigo/

- Makeblock

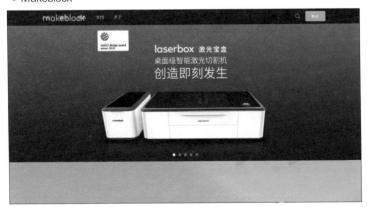

URL https://makeblock.com/

● ROBOTAMI

URL https://robotami.jp/

● KOOV

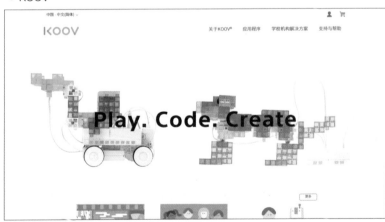

URL https://www.koov.io/

新手也可以零失败的
"编程一小时"

An introduction to "Hour of Code"

什么是"编程一小时"

现在世界各地都在使用各种"可视化编程语言",而**"编程一小时"**正是一种"可视化编程语言",在这章中,我们将介绍"编程一小时"的概要、特点和具体的使用方法。

● 编程一小时

URL https://code.org/

"编程一小时"的开发者和运营者

"编程一小时"是由**"Code.org"**运营和开发的一种学习编程的软件,而"Code.org"是由双胞胎兄弟哈迪·帕尔托维(Hadi Partovi)和阿里·帕尔托维(Ali Partovi)设立的一个非盈利性组织。现在,"编程一小时"成为一个名为**"代码工作室(Code Studio)"**的学习软件中的一个组成部分,世界各地的学习者都可以使用。

Code.org的目标是为了**让全世界的人都能掌握计算机的知识**，为了实现这个目标，它免费提供很多有用的程序。

很多信息技术界的著名人物，例如**微软的创立者比尔·盖茨、脸书的创立者马克·扎克伯格和推特的创立者杰克·多尔西**，都曾在"编程一小时"的宣传视频中出演过，很多名人也在支持Code.org的活动。

"编程一小时"的特点

"编程一小时"是以**四岁以上儿童**为对象，设计的学习软件（有天分的孩子三岁就能操作了）。在学习风格上，基本流程是**通过组合模块进行编程**。不过绝不能因此就小瞧它。"编程一小时"的学习方式虽然简单，但在实际操作的过程中，有时会遇到意想不到的难题。

● "编程一小时"的画面（画出安娜、艾莎和代码）

　　"编程一小时"的最大特点在于**在学习的初级阶段，就对学习者提出了明确的课题**。学习者只要像玩游戏一样地去解决课题，就可以学到编程的基础知识。**刚开始的课题都非常简单，即使是那些毫无编程经验的人，也能通过解决课题，轻松地学习编程。**

　　另一方面，"编程一小时"在设计上让学习者可以凭直觉操作，画面上还会显示很多提示。这些功能和设计，都是为了让学习者在学习的过程中不会产生挫折感或失败感，这也是"编程一小时"的另一个特点。

　　另外，"编程一小时"采用了很多可爱的卡通形象、亲切的语言提示和动感十足的音响效果，因此无论大人还是小孩，对于各个年龄段的人来说，这都是一款值得推荐的学习软件。

　　在"编程一小时"中，有一部分只有英语的版本，不过基本上它都有日语的版本，因此即使是英语不好的人，也可以轻松地使用这款软件。

"编程一小时"的运行环境

　　在使用"编程一小时"学习软件的时候，首先需要访问网站，然后再运行。现在，"编程一小时"还没有苹果手机和安卓手机的版本。不过，人们可以通过智能手机或者平板电脑，访问"编程一小时"网站，然后就可以跟在个人电脑上一样，玩其中的游戏[1]。因此利用乘地铁或等人的零星时间，也可以方便地进行学习。

"编程一小时"的学习方法

　　正如前面所介绍的，"编程一小时"在课程刚开始的时候就会对学习者提出明确的课题，学习者将通过组合既存的模块去解决课题。下图是在一个名为"我的世界（Minecraft）"的项目中一开始出现的课题。看了这

---

[1]　由于型号不同，在某些型号的智能手机或者平板电脑上，有的游戏可能不能运行。

个画面就会知道，刚开始时画面上就会显示若干个提示❶，根据这些提示
学习者可以顺利地开始学习。

● "编程一小时"上显示的提示（我的世界）

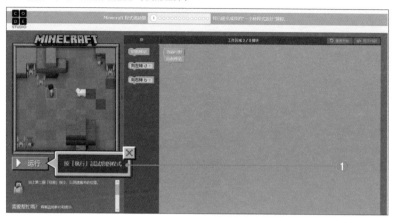

　　有关具体的学习方法，我们将在后面一节中进行介绍，在这里我们只
想做一个简单的介绍。在"编程一小时"中，有如下图所示的很多课程，
在许多课程中还出现了著名电影中的情节和人物，这些电影包括**"星球大
战"、"我的世界"和"冰雪奇缘"**等（在作者写书的时候）。

　　每个课程都有15~20关（课题）。在课程设计上，学习者只需五分钟
就可以过关。在连续地过关和不断提高过关水平的过程中，学习者就不知
不觉地掌握了编程的基础知识。

　　无论哪个课程，它们的难易度都相差无几，读者可以从自己喜欢的课
程开始学习。

● "编程一小时"的课程

[POINT] "编程一小时"的内部是JavaScript

　　"编程一小时"是用计算机语言"JavaScript"（P.242）编写的。对JavaScript有兴趣的人，或者以后想学JavaScript的人，请一定要从"编程一小时"开始学习编程。"编程一小时"的画面通常表示为模块，通过切换画面，可以将画面的表示形式切换到JavaScript代码。刚开始不熟悉的时候，可以在显示模块的画面上玩游戏，在渐渐熟悉之后，可以切换到显示JavaScript的画面，然后就可以一边确认JavaScript的代码，一边玩游戏了。

Section
02 开始学习编程

让我们实际操作"编程一小时",开始进行简单的编程吧。

马上开始学习

1 访问"Code.org"的网站(https://code.org/),点击[编程一小时](任何人都可学习。立即开始)的链接❶。

2 画面上会显示"编程一小时"的活动一览。下拉滚动条,便可以看到各项活动❷。
  这次我们选择脸书的创立者马克·扎克伯格亲自介绍的[经典迷宫](写出你的第一个计算机程序),点击缩图❸。

3 屏幕上开始播放介绍[经典迷宫]的视频。首次进入这个课程的人请先看一下介绍，如果不需要看介绍，那么就点击右上角的 ⊗，关闭视频❹。

4 画面上显示第一个提示，读完内容后点击[确定]❺。从提示中我们知道，在这个课程中一共有20关*1❻。

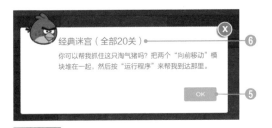

---

*1　译者注：此画面跟"编程一小时"的中文版不是完全相同。

5　屏幕上显示第1关。在这里，画面上又显示若干个提示❼。

基本的操作步骤是，将[模块]区域❽中的模块拖到[工作]区域❾，放在橙色的[当运行时]的模块下面，进行组合模块❿。如果要删除已经放好的模块，那么只需把想要删除的模块拖回到[模块]区域。

组合模块后，点击[运行]后⓫，红色小鸟就会在迷宫中按照模块的指令移动⓬。在这关中，只要让红色小鸟走到绿色小猪那里，就过关了。

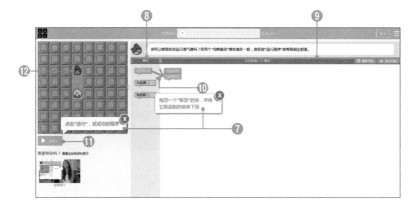

6　例如，在上图所示的第1关中，红色小鸟向下移动两格，就可以走到绿色小猪那里，因此如下图所示，组合两个[向前移动]的模块⓭，然后点击[运行]按钮⓮。

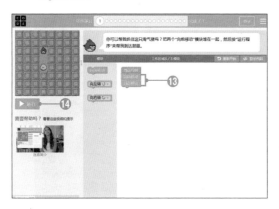

7 画面上弹出一个显示程序运行成功的对话框⑮。点击对话框上的[显示代码]⑯，JavaScript的代码就会显示在画面上。

8 按照同样的步骤继续通关，当难度上了一个新台阶，即到了"学习新方法的阶段"的时候，屏幕上会再次出现视频的缩略图（在"经典迷宫"中将在过了第五关后出现）。在这次的介绍视频中，脸书公司的创始人马克·扎克伯格将亲自为大家上课。

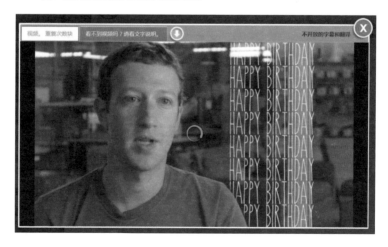

9 在"经典迷宫"的第二阶段（从第六关开始）中，将学习"循环处理"。请看下图，走到这里的人都应该知道，在这关中只要组合五个[向前移动]的模块，就可以过关。不过，正如画面下方所提示的那样⑰，在这关中只用两个模块也能过关。让我们来考虑一下这样的方法。

10 如下图所示，如果用[重复5次做]将[向前移动]的模块重复5次⑱，那么只需两个模块就能过关了。

[POINT] **循环处理的威力**

循环处理的威力会随着循环次数的增多而增强。在上面的处理中，如果只是"重复5次"，那么组合5个[向前移动]模块和使用循环处理，在复杂程度上这两种处理方法差别并不大。

不过需要注意，在使用循环处理时，可以"简单地改变重复的次数"。如果重复的次数只是5次、10次，那么这两种方法都可以。不过当重复的次数变为1000次、1万次的时候，情况将会怎样呢？将[向前移动]的模块拖一万次到工作区域是一件非常辛苦的事情，而将[重复做5次]的循环次数改成"10000"，只需要一秒钟的时间。这就是循环处理在编程上的威力。

11 在第10关中，我们将学习另外一种循环处理，即不是按循环次数进行循环，而是"在达到目标之前进行循环"。在下图中，事先有一个[重复直到🐷执行]的模块，跟这个模块组合的指令应该是[向前移动]⑲。以上这两种循环处理，都包含着编程上非常重要的"思考方法"。如果大家继续学习，那么就能够理解这两种循环之间的区别。

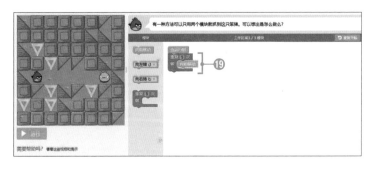

12 继续过关的话，会出现更多的新功能，学习者需要控制的动作也会越来越复杂。不过，在每次出现新功能的时候，课程中都有详细的说明，因此大家可以放心地继续学习。

　　如果我们在这里把所有关的内容都介绍完，那么就会极大地剥夺大家以后学习的乐趣。因此，有关"经典迷宫"的介绍就到此为止了。

　　请大家根据目前为止所介绍的要点，在理解每关中的课题之后，认真地思考，再去完成各关的课题。**在成功通过所有关卡之后，可以从"Code.org"领到漂亮的结业证明书，**这也是这个课程带给大家的乐趣之一。

　　如果大家已经完成了"经典迷宫"的课程，那么请接着去挑战一下其他的课程。在所有课程中，关键点都是**"要用较少的模块去完成课题"**。如果在过关的过程中，大家能够一直去想各种方法尽量做到这点，那么编程技能就会突飞猛进。

Section 03 注册一个账号（免费）

正如前面一节中介绍的，在"编程一小时"中，不需要事先注册账号，也可以马上开始学习。不过，不事先注册账号的话，以前的过关记录将不能被保存。因此，在尝试了若干课程或过了几关后，如果大家觉得这种学习方式比较适合自己，那么还是要去注册一下账号。注册账号的流程如下。

1 点击画面右上方的[登录]❶。

> memo
>
> "编程一小时"是Code.org发布的若干种学习活动中的一项。在这里注册了账号之后，在进入Code.org的其他学习活动的时候，就可以用同一个账号进行登录。

> memo
>
> 如果有人在脸书、谷歌和微软上已经注册了账号，那么只需点击几下鼠标，就可以简单地完成"编程一小时"的账号注册❷。

2 点击[创建一个账户]链接**3**。

3 输入各项内容后**4**，点击[注册]**5**。即使是在职人员，在[账户类型]的选择项中，也要指定[学生]，这样注册就完成了。从下次开始，就可以直接登录，并开始学习了。

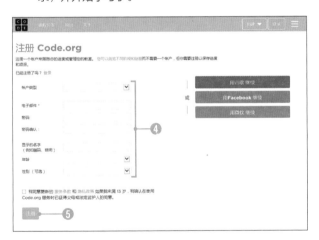

💡
[POINT] [账户类型]的种类

　　如果在[账户类型]中选择[老师]，那么可以在学习过程中管理学生的学习进度。这项功能是免费的，对教育工作者非常方便实用。

Section
04 进阶到更高的级别

　　正如前面所介绍的，"编程一小时"是由非盈利组织Code.org开发并运营的学习编程的软件，现在"编程一小时"已经成为**"代码工作室"**中的一项活动，"代码工作室"的规模更大，面向更为广泛的学习者。

● 代码工作室中"编程一小时"以外的课程

URL https://studio.code.org/

仅在"编程一小时"中就包括8种课程，每种课程都有15~20关，除了"编程一小时"的各种课程之外，在Code.org上还有如上图所示的各种活动。

看了上图就会知道，各个课程都写明了对象年龄和内容概要。例如，[课程2]上，就写明了"为可以阅读的学生准备的计算机科学简介"和"6岁以上"❶（参照前面一页）。

在完成了"编程一小时"的课程之后，请一定要去挑战那些更高级的课程。按照从低到高的顺序，各个课程的难易程度如下表所示。

● 代码工作室的课程

名称	概要
课程1	为初学者准备的课程（4-6岁）
课程2	为可以阅读的学生准备的课程（6岁以上）。学习初级算法、序列、循环（反复处理）和条件语句等
课程3	为学完课程2的学生准备的课程（8-18岁）。通过学习编程的重要内容"函数"、"子循环"和"while文"等更深入地学习编程
课程4	为学完课程2和课程3的学生准备的课程（10-18岁）。通过for循环和带有参数的函数等新概念来建立更复杂的程序
高级课程	学习计算机科学基础的课程（10-18岁）。在这个课程中，将综合性地学习编程的基础知识。建议没有编程经验的人在学完前面四种课程之后进行学习
软件实验室	学习怎样制作简单的实际程序的课程（13岁以上），用编程语言"JavaScript"制作实际软件的课程。编程环境已经建好。请学完高级课程的人一定要挑战一下这个课程，不过这个课程只有英语版本

在不断地完成各个课程的学习任务的时候，学习者不仅可以学到编程的基础知识，例如**"条件语句"**、**"变量"**、**"函数"**和**"子循环"**等，还可以

学到编程时所需的计算机的基础知识，例如**"二进制"、"算法"**和**"抽象化"**等，以及**"思考的方法"**和**"解决问题的方法"**等。**另外，所有的课程全都是免费的，**全部的课程都附有详细的介绍，还有具体的上课视频。

    在上面的表格中，出现了一些专业用语，对于其中的一些专业用语，大家可能现在还不知道它们的意思（例如，for循环等）。不过对此现在无须多虑。为什么呢？因为在学完这些课程之后，大家肯定就能完全理解所有这些专业用语的意思了。

    实际上，只要学完了代码工作室的课程1到课程4，**可以说就已经掌握了编程的基本内容。**

    在各个课程中，都写明了"13岁以上"等对象年龄，不过这只是大致的年龄范围。在同样年龄的人中，有人可能只能从最简单的"课程1"开始学起，而那些在编程上有经验或有天赋的人，则可以直接从面向中级用户或高级用户的课程开始学起。每个人都可以根据自己的爱好和目标，自由地选择课程。

    要把每个课程的每一关全部从头到尾仔细地走一遍，可能有人会觉得这样的工作量实在太大了。不过课程都设计得非常紧凑，每过一关只需5~10分钟，因此请大家还是不要着急，抓紧空隙时间去挑战每一关吧。

● 应用程序实验室（APP Lab）的首页

● 应用程序实验室（APP Lab）的学习网页

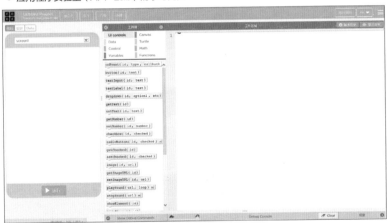

专栏

离线课程

代码工作室的**"离线课程（Unplugged Lessons）"**是一种**不需要使用计算机的学习计算机科学的课程**。在"离线课程"中，不用计算机也能学习编程上非常重要的**"算法"（思考方法和步骤）**和**"基础学习（Fundamentals）"**的要素，这的确有些不可思议。

在作者写这本书的时候，"离线课程"只提供英语的版本，不过要掌握编程技能的话，这个课程中的内容都非常实用，因此希望大家有机会的话，还是要去挑战一下这个课程。课程的内容看上去简单，实际上却很难。如果大家能够开动脑筋、想尽办法去解决课程中出现的每一个难题，那么大家的计算机水平一定会达到崭新的高度。

● 离线课程的内容（部分）

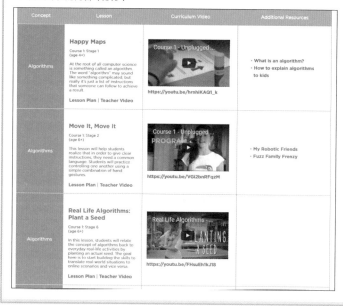

最简单、最有效的学习工具
"点灯机器人"

An introduction to "lightbot"

什么是"点灯机器人"

"点灯机器人"是由加拿大的点灯机器人（LightBot）公司开发并运营的学习编程的软件，在这章中，我们将介绍"点灯机器人"的概要、特点和具体的使用方法。

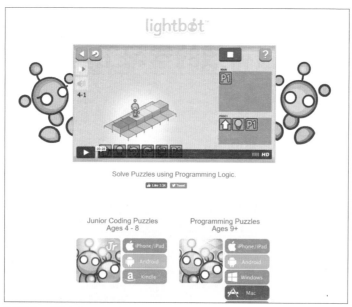

URL https:// lightbot.com/

"点灯机器人"的特点

　　"点灯机器人"是一种学习软件，在学习过程中，不需要编写程序，就像玩拼图一样地学习编程上的思考方法。因为可以像**玩拼图一样**地学习编程上的思考方法，所以即使小学低年级的学生学起来也会觉得很有趣

（对象年龄为4岁以上）。当然，在编程上没有经验的大人，也一样会觉得很有趣。"点灯机器人"可以用来进行亲子学习，而在国外，有的学校在学习编程的课堂上也采用"点灯机器人"。

"点灯机器人"不仅有个人电脑版本，而且**还有安卓操作系统、苹果手机以及苹果平板电脑的版本**，具有无论何时何地，想学就能学的优点。在各关的设计上，每过一关只需五分钟，因此我们特别推荐给那些没什么耐心，或者喜欢玩游戏的人。对于那些天天都很忙、从早到晚都没有时间的人，也应该是很好的学习工具吧。

"点灯机器人"的学习方法

用于学习编程的软件数目众多，而"点灯机器人"是其中**最简单的一种软件**。它的画面操作很简单，设计也很巧妙，任何人都可以轻松地开始学习，即使是初学者也可以马上凭感觉开始操作，不会觉得不知所措。因此如果要寻找"**一个对编程产生兴趣的契机**"，或者"**一个培养编程基本思维的工具**"，那么"点灯机器人"是非常合适的。

另外，在"点灯机器人"上开始学习的时候，不需要注册账号。每完成一个阶段的学习任务，系统都将自动保存当前的学习进度，因此大家可以轻松愉快地进行学习。

有关"点灯机器人"的具体操作步骤将在后面介绍，这里只简单地介绍一下它的学习流程。在"点灯机器人"上，将按照屏幕上出现的提示，引导可爱的机器人走向终点。

刚看到"点灯机器人"的时候，会觉得它就是一个跟编程毫无关系的游戏，不过继续学下去的话，就可以学到"**循环（重复处理）**"、"**条件分歧处理**"和"**过程**[1]"等编程的基本内容。也正因为如此，在从现在开始学

---

[1] 过程（procedure）是指在程序中，将几个处理组合成一个过程。

习编程的人中，作为学习编程的第一步，选择"点灯机器人"的人越来越多。"点灯机器人"发布于2013年，现在，在全世界一共有超过700万的用户，在应用软件的用户点评中，对"点灯机器人"也是好评如潮。

● "点灯机器人"的学习画面

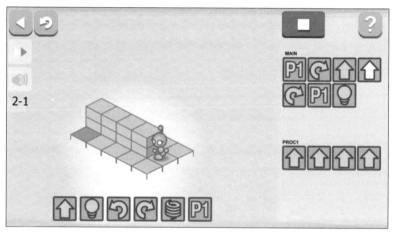

"点灯机器人"的概要

"点灯机器人"有收费版和免费版两种版本，在收费版中包括**"初级编码谜题（Junior Coding Puzzles）"**（约18元），和**"编程谜题（Programming Puzzles）"**（20~36元），免费版则为**"精简版（Demo Puzzles）"**。收费版和免费版在关卡数（问题数）上有差异。免费版只有20关，而收费版则有50关，有的收费版甚至有60关（写这本书的时候）。收费版的定价由关卡数，以及所用的服务器和操作系统而定，请大家在"点灯机器人"的官网上确认好价格后，再去购买。

在本书中将介绍免费版"精简版（Demo Puzzles）"的使用方法。

Section

02

通过"点灯机器人",掌握编程的基础知识

在这一节中,我们将通过可以免费使用的"点灯机器人"的"精简版(Demo Puzzles)",介绍"点灯机器人"的使用方法。

"点灯机器人"有个人电脑版和应用软件版两种版本,不过这两个版本的操作方法相同。在本书中,将通过个人电脑版来介绍"点灯机器人"的操作方法。

在"点灯机器人"上学习编程

1 访问"点灯机器人"的网站(http://lightbot.com/hour-of-code.html),点击标题下面的[Online]**①**。

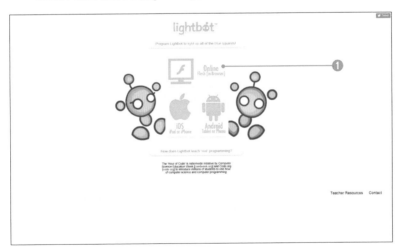

2 点击画面右上方的图标，选择对应语言。这次我们选择"五星红旗"的图标**2**，然后点击画面左上方的[全屏]**3**，将画面改为全屏显示，这样全部的菜单都将显示在屏幕上。

在将画面改为全屏之后，点击画面中央的播放按钮**4**。

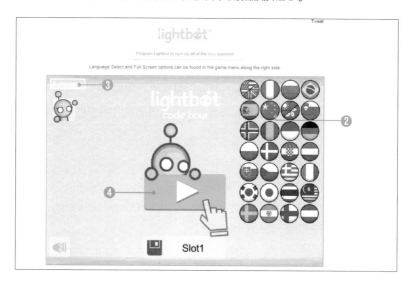

3 点击箭头的图标，选择学习内容**5**。在"点灯机器人"上，一开始就可以自由地选择学习内容。这次我们选择[1基本]，然后点击画面的中央**6**。

4 点击[1]**❼**。

5 现在开始学习。在做好准备之后，点击画面中的任何地方（或跳出框）。只有在第1关中，才会出现[🖐]的图标，这个图标会提示我们操作什么，以及如何操作**❽**。按照[🖐]的提示进行操作，应该马上就可以过关。接着按照同样的方法，一边参考提示，一边继续过关。

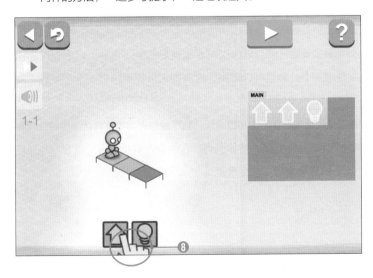

⑥ 在"点灯机器人"中可以学到这样的操作方法，即将需要重复执行的几个
操作组成一个"过程"，并登录，然后通过调用这个"过程"，执行这些处
理。这也是"点灯机器人"非常出色的一个地方。

例如，在第三部分[循环]的第五个问题中，出现了如下图所示的课题。这
个课题可以用[过程]和[循环]（重复处理）来解决⑨。为了执行[过程]，在
[主处理]区域中放入一个[P1]的模块⑩。

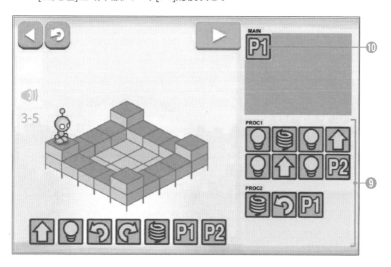

随着编程学习的深入，在成功地解决了一个又一个高难度的课题之后，
"怎样高效地解决课题"就会成为这时候最重要的学习内容。对于相同的课
题，有人只用三个处理就可以解决，而有的人可能要组合二十个处理才能
过关。

因此，**建议大家在学习的初级阶段，就尽量地去思考怎样用最少的处理和**
步骤去解决问题。这样就能真切体会到，在编程上有关过程（函数）和循环
（重复处理）的思考方式有多么重要。

世上最强大脑制作的
Scratch

An introduction to "Scratch"

什么是Scratch

Scratch是世界上最著名的"可视化编程语言"之一，在本章中，我们将介绍"Scratch"的概要、特点和具体的使用方法。

● Scratch

URL https://scratch.mit.edu/

Scratch的开发方和运营商

Scratch是一种可视化编程语言的学习软件，由**麻省理工学院（MIT）**多媒体实验室的"终身幼儿园团队（Lifelong Kindergarten Group）"开发并运营。

"终身幼儿园团队"是以计算机科学家**米切尔·雷斯尼克**为中心组成的团队，他们的观点是，**"现在玩电动玩具的孩子越来越多，而了解其中原理的孩子却越来越少了"**。他们的目标是改变这样的现状。Scratch发布于2006年，在可视化编程语言的学习软件中，Scratch的历史最长。

Scratch的特点

Scratch是一种学习编程的软件，以**7岁以上**儿童为学习对象。从儿童到成人，为了让任何人都能愉快、不断地学习编程的基础知识，开发者们在Scratch的软件设计上花了很多功夫，设置了很多机关。另外，谁都可以**免费使用**Scratch中的课程。对于那些从现在开始学习编程的人，Scratch可以说是最合适的学习软件。

在操作Scratch的时候，根本不需要知道任何复杂的计算机语言的语法，也不需要具有任何高等的数学知识。只要身边有一台计算器，加上互联网，任何人都可以马上开始学习编程。

如下页所示，像玩游戏一样组合Scratch中既存的**"写有文字的模块"**，就可以处理图像、设定声音、进行计算以及追加条件等，并制作出各种游戏和动画，同时在这个过程中掌握**编程的基础技能。**

Scratch虽然诞生在美国，不过它也有日语版本，在选择语言的时候可以选择"汉字"或"假名"。在选择语言的时候可以选择"假名"的软件，全世界恐怕也仅此一家吧。

正因为如此，在日本国内，Scratch被广泛使用，除了个人使用，Scratch还被广泛地使用在学校、工作室以及教育机构等许多地方。即使是小学低年级的学生，也能熟练地操作Scratch。

● Scratch的工作画面

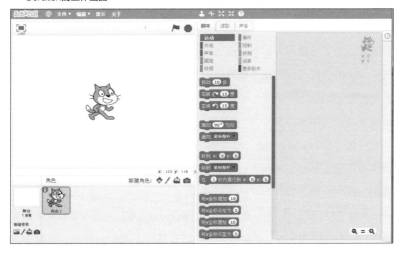

Scratch的学习方法

在Scratch上可以通过以下两种方法进行学习。

● 一个人从零开始制作程序
● 复制其他人公开的程序，然后修改程序，最后制作出自己的新程序

Scratch的一大特点就是**任何人都可以自由地修改别人的程序，这些程序是全世界的制作者（"制作者"：Scratch的爱好者）制作并公开在网上的。** Scratch的登录用户为674万人，项目的个数超过1600个（作者写这本书的时候），其中很多项目都是公开的。

从零开始编写整个程序会非常吃力，而如果能很好地利用既存的Scratch程序，那么就可以极大地减轻编程的工作量。另外，阅读别人的程序，对于掌握编程技能也会大有帮助。对于某些功能，在不知道如何实现

的时候，通过阅读别人的程序，往往会恍然大悟，**"原来如此，原来可以用**
这样的方法实现啊"。

在实际使用Scratch的时候，请大家一定要尽量参考别人的程序。

Scratch的种类

Scratch现在只能在个人电脑上运行[1]，包括线上版和线下版两种版本。

● Scratch的种类

运行环境	使用方法
线上版	通过浏览器，在互联网上使用Scratch
线下版	将软件安装到个人电脑上，在个人电脑上使用Scratch

正如前面所介绍的，Scratch有**免费的专门软件**，可以在线下运行。而
且即使是线下版本，在需要的时候也可以跟线上版本相衔接。

运行Scratch所需的个人电脑的配置也较低，无论是线上版还是线下
版，所需的内存仅为（**100~200MB**）。另外，电脑屏幕的大小为13英寸
以上，分辨率最好在1024 × 768以上。如果是最新型号的个人电脑，那么
运行Scratch将不会出现任何问题。

---

* 1　以前Scratch的某些版本可以在智能手机和平板电脑上运行，现在这些版本都没有了。今
　　后这样的版本可能再次复活，有兴趣的读者可以关注这方面的情况。

专栏

可以在平板电脑上使用的 ScratchJr

正宗的Scratch是一种只能在个人电脑上运行的软件，不过另外还有一个Scratch的姐妹版，即ScratchJr，ScratchJr是一种简易版的Scratch，它能够在苹果的平板电脑和安卓的平板电脑上运行。

在功能上，Scratch无疑比ScratchJr更强，不过那些想在苹果的平板电脑和其他型号的平板电脑上学习的人，不妨考虑一下ScratchJr。ScratchJr的对象年龄也更广泛，为5岁以上的学习者（Scratch的对象年龄为7岁以上）。

● ScratchJr

02

第一次的Scratch
~注册用户~

从现在开始我们将实际运行Scratch，开始学习编程。我们将按以下步骤进行操作。

用户作成

① 首先在Scratch上建立一个用户，访问Scratch的网站（https://scratch.mit.edu/），点击画面右上方的[加入Scratch社区]❶。

❶

[POINT] 建议大家注册账号

虽然无需注册账号也能使用Scratch，不过如果不注册账号，那么就不能保存写好的程序。因此，建议大家刚开始的时候先建立账号（注册账号），另外，在本书的第八章中，将在Scratch上制作一个游戏，那时候也需要用到Scratch的账号。

Chapter 06 世上最强大脑制作的Scratch

2 设定Scratch上的"用户名"和"密码"❷。在设定用户名和密码的时候，必须输入英文字母或数字，而不能输入汉字和假名。输入用户名和密码后，点击[下一步]❸。

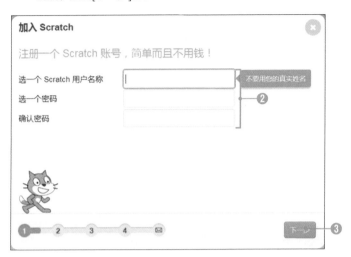

3 输入出生日的年和月，选择出生地的国家❹。出生地的国家将被公开在Scratch上。输入这些项目后，点击[下一步]❺。

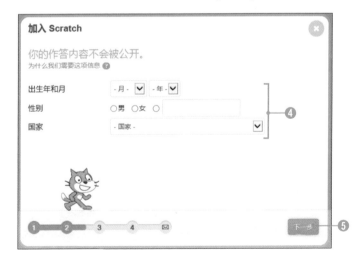

4 输入Scratch上的邮箱地址⑥。通过邮箱地址，将确认正在注册的是否为本人。输入邮箱地址后，点击[下一步]⑦。

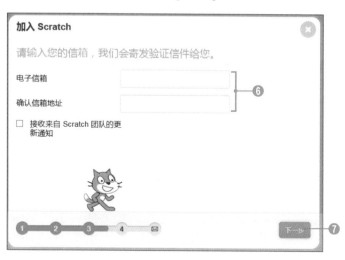

[POINT] **如果你未满12岁**

如果正在注册的用户年龄不满12岁，那么就必须输入家长或者监护人的邮箱地址⑧。输入邮箱地址后，点击[下一步]⑨。

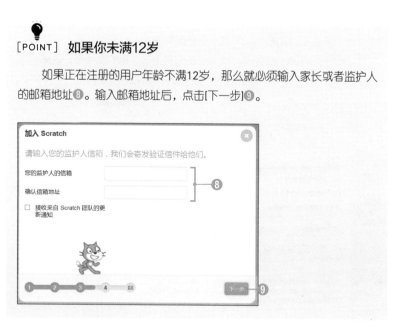

121

5 点击[好了，让我们开始吧！]⑩。

6 回到Scratch的首页。这时虽然已经通过刚才注册的账号，登入了
Scratch，不过用户确认的这一步还没有完成。打开刚才输入的邮箱，并
打开发自Scratch的邮件，然后点击邮件里确认用的链接⑪。这样，用户
的注册就完成了，以后就可以在Scratch上保存写好的程序了。

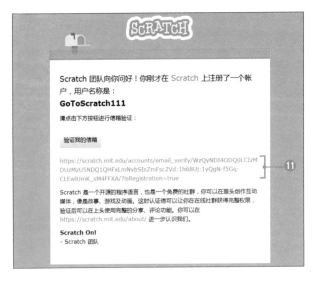

Scratch的画面构成和基本操作

在这节中，我们将实际操作Scratch，并进行简单的编程。

有关Scratch的具体操作方法，我们将在第八章中（P.147）中详细地讲解。在这里，我们只介绍Scratch的画面构成和基本的操作方法，有关详细内容，请大家参照第八章。

Scratch的画面构成

1 Scratch首页的画面如下图所示，在画面中央显示若干个"面向初学者"的缩图❶。这次我们点击画面上方的[创建]❷。

URL Scratch官方网址：https://scratch.mit.edu/

[POINT] **Scratch的各种功能**

点击画面上方的[发现]❸，则可以看到全世界的用户在Scratch上制作并公开的各种程序。点击画面下方的[讨论区]❹，画面上会显示制作者（Scratcher）的交流社区（布告栏），在这里有来自世界各地的制作者们提出的问题，以及对于这些问题的回答。不过在刊登在交流社区的文章中，很多都是用英文写的。

● 点击[发现]时画面上显示的项目群

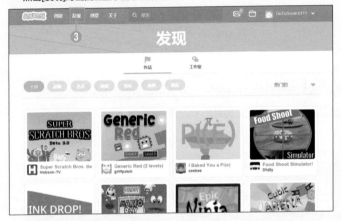

● 点击[讨论区]时显示的画面

② 点击Scratch首页上的[创建]，画面就会显示"项目编辑器"，我们将通过"项目编辑器"学习编程。首先输入项目的名称❺，名称可以任意，例如可以输入"My First Project"等。

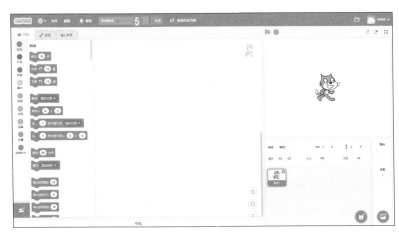

③ 项目编辑器的画面由以下四大区域构成。

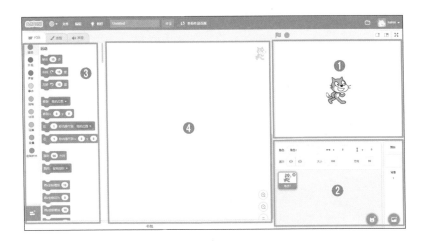

● 项目编辑器的画面构成

番号	名称	说明
❶	舞台	显示程序内容的区域
❷	角色	显示以及登录程序中的卡通形象、背景和图标等区域。在Scratch中，在程序中用到的图像被称为"角色"（P.157）
❸	幻灯区	放置对角色发出的命令一览的区域，各个命令为既存的模块（命令模块）。根据命令模块的种类，分为"运动"、"外观"、"声音"和"画笔"等类型
❹	代码	放置命令模块的区域。从"幻灯区"中将模块拖到这里，组成命令

让我们编写程序并运行吧！

现在我们将实际操作Scratch。从这里开始将是可视化编程语言中最有价值的部分。在这个过程中，我们不需要记住一般编程语言所特有的复杂的语法，就可以进行编程。

在这里，我们的目的只是想让读者体验一下Scratch的基本操作步骤，因此，仅制作一个简单的程序。请大家一定要自己动手，实际操作Scratch。

1 舞台为全白的话，看上去就太单调了。点击[角色]区域中的[选择一个背景]❶。

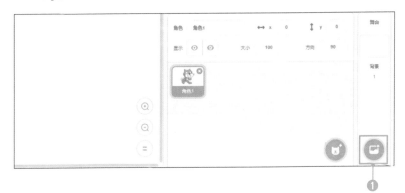

2 画面上显示Scratch中既存的背景一览，这次我们选择[所有]的按钮❷，再下拉滚动条❸，然后点击图片中的[desert]❹。

3 背景变为下图的样子❺。这样，准备工作就完成了。

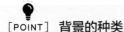

[POINT] **背景的种类**

这次我们将背景设为Scratch中既存的[desert]，在Scratch上，也可以将背景设为自己已有的图形（照片和绘画等），还可以画出想要的背景。

4 接下来，按照以下步骤操作。

1. 在[角色]区域中，点击并选择Scratch猫**❻**
2. 选择[代码]的标识**❼**
3. 选择[事件]**❽**
4. 选择 ，并拖入脚本区域**❾**。这样，点击舞台上方的 ▶**❿**，就会执行从现在开始追加的处理

memo

在Scratch的画面上，会出现各种既存的图标和功能。在刚开始不习惯的时候，大家可能会不知道怎么使用这些图标和功能。不过请大家放心，只要按照本书的介绍一步步地进行操作，相信大家很快就能得心应手。

5 按照以下步骤操作。

1. 选择[运动]⑪

2. 将 移动10步 拖到代码区域的 下面⑫，将两个模块组合，并将数字"10"改为"150"⑬（必须输入英文字母或数字）。这样，让Scratch猫走"150步"的程序就做好了

3. 选择[外观]⑭

4. 将 说你好!2秒 拖入代码区域，按照下图那样放好⑮

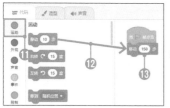 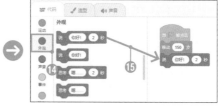

6 这样，所有的步骤都完成了。如果要运行Scratch的程序，那么就点击[舞台]区域上方的 ▶⑯。在点击▶之后，Scratch猫会向右方移动，并说"你好!"⑰。

怎么样？大家都成功地制作出一个跟上面一样的程序了吗？如果有人发现自己的Scratch猫不走，那么请马上确认一下输入的步数，检查一下输入的步数是否为半角数字，在这里步数必须为**半角数字**。

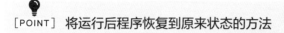

[POINT] 将运行后程序恢复到原来状态的方法

在点击▶运行了Scratch的程序之后，如果要回到程序前的状态，那么从画面最上方的菜单中选择[文件]，并选择[文件]中的[保存]，在保存好项目之后⓲，再刷新浏览器的页面。

这样，人生的第一个Scratch程序就制作完成了。大家感觉如何呢？可能有人会觉得"比想象的简单"，而可能有人会觉得："只是为了实现这么简单的动作，就需要那么多的操作吗？"

在目前这个阶段，我们还远不能体会到学习编程的益处。我们只是站在了编程的起跑线上。然而这里的内容又是非常关键的，这里将是万里长征的第一步。请大家一定不要停下脚步，而要继续向前。在第八章，我们将挑战一个稍微高难度的编程项目。

在"编码猴"上输入代码，
学习程序中的控制和处理

An introduction to "CodeMonkey"

什么是"编码猴"

在这章中，我们将介绍**"编码猴（CodeMonkey）"**，这也是一种学习编程的软件，由以色列的软件和游戏公司"CodeMonkey Studios ltd."开发并运营。

- "编码猴"

URL https://www.playcodemonkey.com/

"编码猴"的特点

"编码猴"是"一种游戏软件，**即使是那些到目前为止从来没有过编程经验的人，随着游戏的进行，也能自然而然地学会编写程序"**。它有英文版、日文版、中文版和法语版等15个国家以上的版本。"编码猴"只能在个人电脑上运行，在"编码猴"上既可以一个人学习，也可以跟其他人一起学习。在国外，越来越多的学校在课堂上采用"编码猴"，"编码猴"的对象人群为9~16岁的学生。

到目前为止，我们介绍了"编程一小时"、"点灯机器人"和Scratch，这些学习软件跟"编码猴"最大的区别在于，在这些学习软件中，都是通过组合模块和图标等模拟零件进行编程学习的，而**在"编码猴"中，则通过输入简单的真正的程序学习编程**。"编码猴"上使用的编程语言为**"CoffeeScript"**，是一种简单易学的编程语言。

在"编码猴"上进行人生的第一次编程

那些按照本书所介绍的流程，一边实际操作一边进行学习的读者，将在"编码猴"上首次尝试"写编程语言"。**这里所谓的"写编程语言"，也就意味着"输入文字列"。**

简单地说，在"编码猴"上，要用"CoffeeScript"这种真正的编程语言，解决各关的课题。因此跟到目前为止所介绍的其他三种学习软件相比，可能有人会觉得"编码猴"的学习难度比较大。

不过，请大家放心，即使没有编程的知识和专业的使用说明书，为了让学习者能够顺利过关，每关都会显示恰当的提示。另外，在程序出现错误的时候，系统也具有提示和帮助的功能，让学习者能够一直不放弃，继续学习。

● "编码猴"中某一关卡的画面

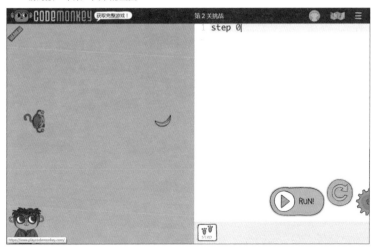

可以说"编码猴"是这样的一种软件，**从非常初级的阶段开始**，就可以同时学到"设计"能力和"开发"能力，其中"设计"能力是指编程上的思考方法和对课题的思考方法，而"开发"能力是指真正的编程。在"编码猴"的官网上，有如下介绍。

"编码猴"很简单吗？不，实际上它很深奥。

的确，"编码猴"的规则非常简单，通过程序向猴子发出指令，如果猴子拿到香蕉，那么任务就完成了。

不过，并不是每次只要笔直往前走，就可以走到香蕉那里的。有时路上会出现丛林挡住去路，有时会被野猫追赶。而香蕉也不是每次都呆在同一个地方的，有时淘气的老鼠会拿走香蕉并逃走。

对象、变量、数组、FOR循环语句、UNTIL循环语句、IF ELSE条件语句、布尔常量、AND/OR逻辑变量和函数等，在学习这些编程语法的同时，还要绞尽脑汁用这样或那样的方法，让猴子拿到香蕉！

出处 https://www.playcodemonkey.com/

因此，跟其他的软件相比，"编码猴"的用户年龄较大，以中学生以上的人群为对象（其他软件都以4、5岁以上的人群为对象）。不过也正因为如此，"编码猴"的学习内容让大人也觉得很有意思。

不过，在"编码猴"上会显示充足的有关编程的建议和帮助，因此在开始学习三十分钟后，几乎所有的初学者对编写程序的抵触情绪都会消失，并能够掌握一定的编程诀窍。在"编码猴"上还会展开很多故事情节，例如主人公猴子的行动，猴子的朋友乌龟的登场等，这令世界上很多人都对"编码猴"非常着迷。

"编码猴"的购买方式

要使用"编码猴"的话，有三种方式。

- 免费方式
- 购买方式
- 面向教育机构的方式

如果是个人使用，那么可以**免费玩前30关**。用户在购买软件之后，才可以玩30关以后的内容。

如果用户购买的话，费用为一年790元[*1]（写这本书的时候）。用户在申请购买之后，就可以玩里面所有内容（在写本书的时候，一共有300关）。另外，已经购买的用户还可以获得在线支持。

如果是面向教育机构，那么根据学生人数的不同，具体的年费会有差异。具体情况请大家去"编码猴"的官网确认一下（在写这本书的时候，官网上所写的收费标准为每年90~999美元）。

[*1] 译者注：这是中文网站"亦果亦朵"上的价格。

Section

02 在"编码猴"上开始编程

　　正如前面一节中介绍的，可以购买"编码猴"，不过，无论是免费版还是收费版，两种版本的基本操作方法都相同。因此，在这章中，我们将通过免费版的"编码猴"，介绍在"编码猴"上学习编程的方法。

通过"编码猴"学习编程

1　通过个人电脑的浏览器，访问"编码猴"的网站（https://www.playcodemonkey.com/），点击[START FREE TRIAL]❶。

memo

　　在"编码猴"上，可以通过脸书、推特和邮件等形式跟朋友分享过关斩将的情况，很多人就是在跟朋友比赛的过程中，进一步增加了学习积极性。

2 开始学习。"编码猴"的画面分成 **"课题区域"** 和 **"编程区域"** 两大部分。左边的部分为课题区域，右边的部分为编程区域。在编程区域中，可以输入让猴子拿香蕉的代码。

3 在刚开始的"第0关挑战"中，编程区域中已经有了所需的代码❷。点击[RUN]❸执行程序，课题就完成了。

在这里可以知道，输入"Step<数字>"，猴子就会走输入的步数，这就是最基本的编程。

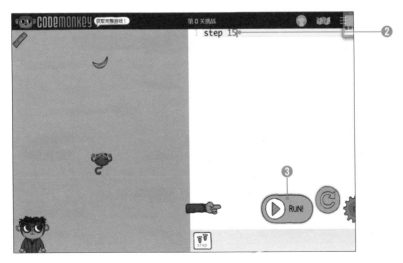

4 完成课题后，屏幕上会显示下图那样的画面。

memo

　　画面中央的☆☆☆，是系统对程序的评价❹。越到后面，☆的个数就越少，有时可能只出现两个☆，或者只出现一个☆。这就意味着：虽然所写的代码没有错误，但是还可以写得更简洁。

5 继续过关，在若干关之后，在"第3关挑战"中，会出现让猴子转圈的程序。输入[turn left]，猴子向左转❺，而输入[turn right]，猴子则向右转。

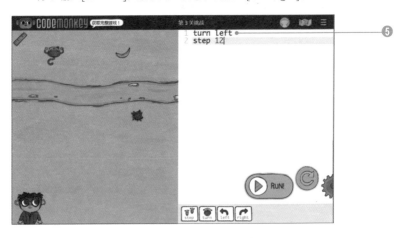

6 在这关中，香蕉在猴子的右边，因此只需将既存程序中的[turn left]改成
[turn right]❻，就完成了课题。修改程序后，点击[RUN]。

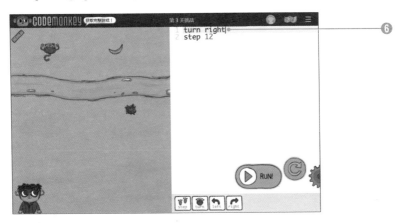

7 越往后，代码会越复杂，并且越长❼。这时，关键是要正确地理解每一段
代码，并不断地前进。

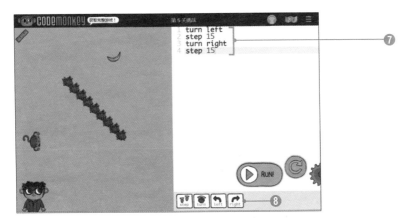

memo

　　在"编码猴"上，可以通过键盘直接输入程序，也可以通过画面下
方的按钮输入程序❽。如果用键盘输入，那么可能会出现打字上的失
误，而如果用画面下方的按钮输入，那么就不会出现这种失误，因此请
大家选择既方便又合适的输入方式。

⑧ 继续前进，猴子的朋友乌龟就登场了。怎么让乌龟也行动起来呢？另外，
有时在一个画面上会出现好几根香蕉，用怎样的方法区分它们比较好呢？
对于这些问题，请大家一定要在实际操作"编码猴"的同时，不断地去学
会思考。

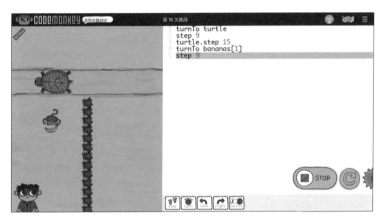

　　"编码猴"看上去很简单，因此可能有人会觉得：这是不是太简单了？
不过，请大家千万不要小看它。越到后面，在"编码猴"上就会出现越多
的编程要素，只有在正确理解了这些要素之后，才能顺利地完成各个
课题。

　　在出现新功能的时候，画面上会显示很多恰当的提示。如果能够正确
地理解每一项提示，那么就可以增强自己的能力。此外，**如果要理解编程
的基本原理，那么就必须理解程序的内容和实际卡通形象的动作之间的关系，**
这在"编码猴"上是非常重要的。

世界编程教育的现状

在作者写这本书的时候，世界上已经有超过**96个国家**（全世界一共有195个国家），正通过各种形式实施编程教育[1]。也就是说，虽然各国在编程教育的内容和质量上存在差异，但毫无疑问，现在世界上大约有**一半的国家正在实施各种编程教育。**

● 美国是编程教育最普遍的国家之一

作为信息技术的先进国，美国是编程教育最普及的国家之一。目前美国虽然还没有实现编程的"义务教育化"，不过，以推进编程教育的非盈利性组织"Code.org"（https://code.org/）为首，推出了各种各样的学习软件，在全国各地还有各种各样的短期集训的训练营等。从儿童到成人，大家都在积极地学习编程。

在2016年，奥巴马总统提出了一项重要的政策**"为了所有人的计算机科学（Computer Science for All）"**，这项政策对编程教育起到了强有力的推动作用。为了将计算机科学设为学校的正式课程，政府申请了40亿美元的预算，并计划在2017年首先拿到其中的4000万美元的预算[2]。

为了配合奥巴马总统的这项政策，各个信息技术企业也纷纷推出了各种活动。例如，微软为**"设立客户端用户（Make CS Count）活动"**出资了7500万美元，而卡通频道（Cartoon Network）则决定拿出3000万美元，

---

[1] "对国外各国有关编程教育的调查研究（文部科学省平成26年·支持提高信息教育指导能力的项目"（http://jouhouka.mext.go.jp/school/pdf/programming_syogaikoku_houkokusyo.pdf）

[2] The WHITE HOUSE (https://www.whitehouse.gov/)

举办有自己特色的活动[3]。

由于各州和各个学校的情况不同，美国各地的编程环境也不相同。不过作为一项共同的指标，在美国国内的公立学校中，每个学生必须要有一台计算机，有的学校还允许学生把学校配置的计算机带回家使用。

顺便要说一下，在日本的公立学校，平均每**6.5个学生**才有一台计算机。这两个数据之差，让我们感受到两国在编程教育上的差距。

●英国在集中力量推进编程教育

现在，英国创新企业的数量正爆发式地增长，因为他们把成为世界上首屈一指的信息技术强国作为一个目标，所以，编程教育作为一项政策议题，受到英国社会的广泛关注。

2014年2月，在伦敦举行的协商会议上，英国先于其他国家，宣布将开始实施以教师为对象的有关编程的教育训练项目，并且到目前为止，已经在这个项目上投入了50万英镑（约450万人民币）。

2014年9月，英国在5~16岁的义务教育的新课程中，正式引入了"编程"课程。

英国政府让孩子们学习编程和计算机科学，是为了实现以下两个目标。

①为了让孩子们以后能够顺利地融入数据化社会
②为了让孩子们以后可以通过所掌握的编程技能，创造出更多有益于世界的应用和软件

在课堂上，老师主要通过课本和学习教材上课。对于课程的具体内容，政府并没有做详细的规定，而是将决定权完全交给了上课的老师[4]。一般来说，在初级学校（低年级学校），学生们通过体验式的学习编程的教材"蜜

---

[3] The WHITE HOUSE (http://www.whitehouse.gov/)
[4] "Computing in the national curriculum"（http://www.computingarschool.org.uk/data/uploads/CASPrimaryComputing.pdf）（英国有关编程的教育课程）

蜂机器人（Bee-Bot）"（https://www.bee-bot.us/），或者可视化编程语言的 **"点灯机器人（Lightbot**（P.73），学习计算机算法的基本内容。

　　而在高级学校（高年级学校），学校会指定专门的计算机老师，学生们通过使用 **"Raspberry Pi"（单板机）** 等，了解什么是回路和程序，并学习有关计算机的系统知识。

● 用"蜜蜂机器人"学习编程的情景

©www.ocg.at_alt(https://www.flickr.com/photos/ocg-galerie/8634763450/)

● **爱沙尼亚的编程教育的情况**

爱沙尼亚被誉为**"波罗的海的硅谷"**，是一个信息技术大国，因诞生了Skype，而闻名全世界。

在爱沙尼亚，由于自然资源匮乏，人才成为重要的资源。也正因如此，爱沙尼亚只能在信息产业上争取优势，所以整个国家对编程教育都非常热心。

爱沙尼亚在1991年从旧苏联独立之后，为了能够成为信息强国，对学校推进了信息技术的基础设施的建设，以及电脑的配置，并从2012年开始实施一个名为**"Proge Tiiger"**的教育项目。

这个教育项目的内容是在初级学校（7~15岁），让学生们学习**Scratch**，或者**"点灯机器人"**，或者**乐高教育**等采用机器人的编程课程。通过这样的学习方式，培养学生**编程的思维方式**。这也跟本书第二部分的内容相近。

在高级学校（15~18岁），学生们则学习真正的编程语言Java和Python[5]等（选修制）。

---

[5]　有关Java和Python等真正的编程语言将在本书的Part 3（第三部分）中介绍。

了解"编程"的
整体流程

A complete view of programming.

从头到尾制作一个
完整的程序

Making your first program from Scratch.

01

在Scratch上制作"井字游戏"

　　这一章节，我们将在Scratch上，从**一张白纸的状态**开始制作"井字游戏"。**经历一次这样的过程非常重要，**通过这样的过程，大家会对"编程"的**整个流程**有个总体的把握。

　　在这次制作的"井字游戏"中，将包含初学者必须学习的所有要点。同时，初学者还将学习编程时要考虑怎样的问题、程序的设计和开发的流程以及各种功能的实现方法等。请大家在阅读本章的时候，既要愉快地学习，**又要认真地思考各种问题。**

● 在本章中制作的"井字游戏"

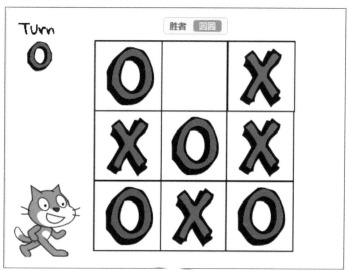

○ "井字游戏"是怎样的游戏

"井字游戏（三子棋）"对于很多人来说都很熟悉，不过我们还是要简单地介绍一下游戏的内容。

"井字游戏"的玩法很简单，两个玩家相互交替在3×3的格子上画"O"和"X"，谁最先在横线、竖线或者斜线上画了三个相同的记号，谁就是胜者。

不过与其用嘴，不如动手，这样更容易了解这个游戏。在开始编程之前，让我们先玩一次这个游戏。不过，大家不要只顾玩，在玩游戏的时候还要思考**"怎样才能实现这些功能"**，以及**"这里需要怎样的功能"**等。

> 1　打开浏览器，访问以下网页。画面上会显示"井字游戏"，点击画面中央的绿旗❶。

URL https://scratch.mit.edu/projects/119349162/

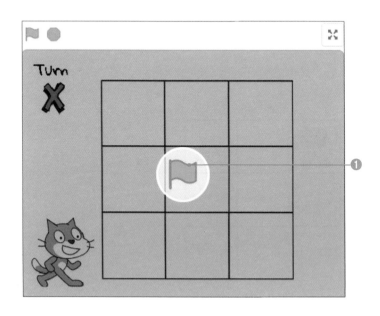

2 画面显示如下图的样子,这样游戏就开始了。假设这次游戏不是人机对战,而是两人(人对人)对战。请大家邀请朋友或家人一起来玩,两人轮流画"○"或"×"。

画面的左上方显示这次轮到谁了❷,请点击九个格子中的任意一格❸。

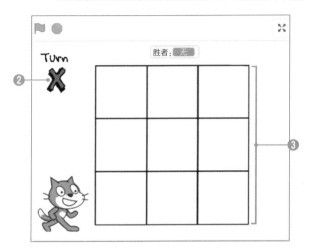

3 点击格子,"×"就被填入这个格子❹。同时,画面左上方切换为"○"❺,也就是这次轮到"○"了。

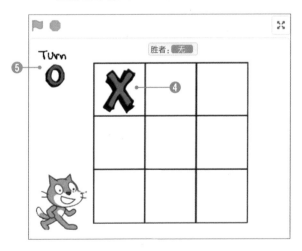

4 随着游戏的进行，画面显示为下图的样子。在这种情况下，胜者为"X"方（从左上方到右下方，斜着排列着三个"X"），同时画面的上方显示"胜者：叉"❻。这就是我们将要制作的程序，这个程序能够自动判定谁是胜者。

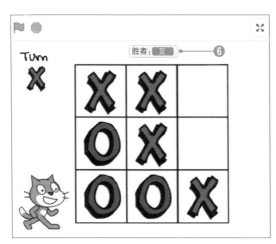

5 平局的话，画面上方显示为"胜者：无"❼。

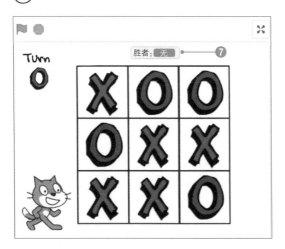

6　要重新开始游戏，就点击画面左上方的绿旗⑧。

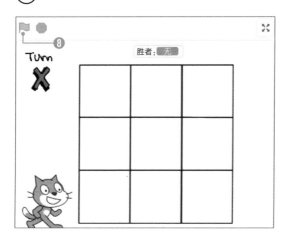

在实际玩了一次游戏之后，大家感觉怎么样？从现在开始，我们就要实际制作这个游戏了，对于如何将游戏转化为具体的程序，现在大家有想法了吗？

游戏本身很简单，似乎马上就可以做出来。不过，真要制作程序的话，好像还要考虑很多事情。从现在开始让我们一起进行思考。

[POINT]　**正确的答案不止一个**

实现游戏的方法不止一个，而是会有无数种。可以毫不夸张地说，即使制作同一个游戏，有多少位软件工程师，就会有多少种制作方法。

在本章中，我们将介绍其中的一种方法，也就是作者自己制作这个游戏的方法。如果在制作了这个游戏之后，大家觉得自己还有其他更好的方法，那么请一定要写出实际的程序，将想法转化为具体的形式，并公开自己的程序。

制作"井字游戏"前的准备

○考虑在"井字游戏"中需要哪些功能

现在让我们来考虑在"井字游戏"中需要实现的功能。在"井字游戏"中，主要需要实现以下的要素和功能。

- 需要一个3×3格子的盒子（区域）
- 按开始游戏的按钮（绿旗）后，全部内容都将被重新设定
- 一开始必须从"X"开始
- 在轮到"X"的时候，点击任意的格子，"X"就将显示在那个格子上
- "X"方和"O"方轮流画记号
- 如下图所示，一共有八种取胜的方法，除此之外的结果都是平局

- 在"井字游戏"中取胜的方式（八种方式）

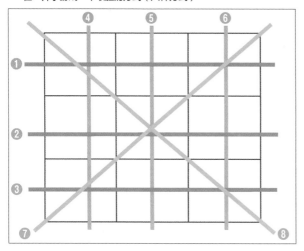

　　在制作“井字游戏”的过程中，必须将以上所有的要素和功能都写进程序。现在可能很多人还不知道怎么做，不过请大家放心，我们将详细地讲解每个步骤，一定让所有的读者都能完成这个程序。

材料准备

　　首先把这次制作“井字游戏”的材料，放入大家自己的Scratch中。

①　访问以下网站，打开“三子棋的材料”的网页❶，点击[进去看看]❷。

URL http://scratch.mit.edu/projects/119851204/

②　画面上显示如上图所示的项目内容。这次我们的目的不是确认项目内容，而是要将这些材料放入自己的项目中，于是我们点击[改编]❸。

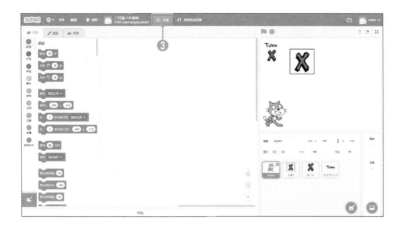

③ 画面上显示"正在改编作品"，几秒种后，显示"改编作品已保存"④。

④ 这时，画面上的[改编]按钮变为[分享]按钮⑤。此刻，大家就可以将 "三子棋的材料"添加到自己的Scratch作品一览中了。

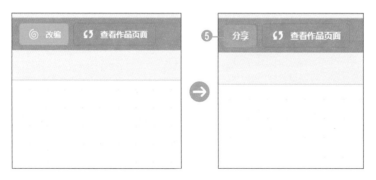

⑤ 点击画面右上方的用户名❻，再点击[我的东西]❼。

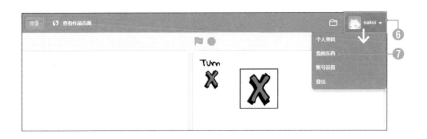

⑥ 现在，在作品一览中会看到"三子棋的材料remix"的项目。确认完毕后，可以点击[观看程序页面]❽，回到原先的画面。

经过以上步骤，制作程序之前的准备工作就完成了。虽然现在马上就想开始制作程序，不过在这之前，对于Scratch这个学习软件的特点，以及这次使用的"三子棋的材料"，我们还将做一个稍微详细的介绍。

"三子棋的材料"的内容和Scratch的主要要素

如果要阅读Scratch的说明书，并正确地操作Scratch，那么最好先了解**Scratch特有的功能和结构，以及有关这些功能和结构的专业用语（Scratch中使用的专业用语）**。在了解了这些内容之后，就能比较容易理解程序的介绍。请大家在这里一定要搞懂这些内容。

● 舞台和角色

在Scratch中，最基本的构成要素为**"舞台"❶**和**"角色"❷**。在Scratch的画面右边可以看到这两个要素。

● "舞台"和"角色"

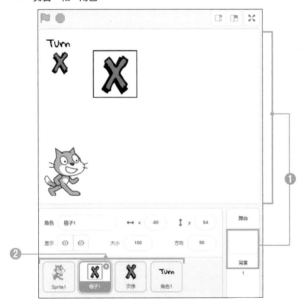

※ 为方便大家今后操作，请单击素材，在"角色"文本框中输入相应的中文名，并将文件的题目修改为"三子棋的材料"。

用演戏来比喻Scratch的构成的话，Scratch中的**"舞台"就相当于演戏时的舞台**，Scratch 中的**角色就相当于"点缀在舞台上的各种要素"**。在演戏的舞台上，除了演员，还有大道具、小道具和舞台装置等各种要素。而在Scratch中，所有的要素都被作为角色来管理。（请注意，这里的管理对象不是只有演员）

让我们来看一下在这次"井字游戏"中，将要出现的角色。现在，已经有了四个角色。

● 登录在[角色]区域中的角色

角色名	作用
Sprite1	Scratch中大家所熟悉的Scratch猫。这次这个角色只是一个点缀，被放在画面的左下方
格子1	"井字游戏"中的主角。最后我们将复制九个这样的角色，用来制作一个九个格子的棋盘
次序	被放在画面左上方的角色，为显示现在轮到哪一方的图标。根据不同的情况，图标将在"X"记号和"O"记号之间切换
角色1	被放在画面左上角的角色，为显示"次序"的文字列，没有什么作用，只是一种点缀

● "舞台"和"角色"

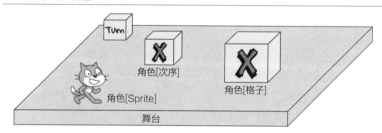

对于各种角色的具体作用和使用方法，我们将按顺序详细地进行讲解。现在大家需要知道**在舞台上一共放了四个角色（上场人物和道具等）**，就可以了。

● 代码、造型和声音

"代码"、"造型"和"声音"是仅次于舞台和角色的重要要素。

这些要素的结构都比较复杂，我们将仔细地进行讲解。请大家也一定不要放弃，努力理解这些内容，并跟上我们的讲解。

对于每个角色，都可以设定代码、造型和声音三种要素。请看下图，在[角色]区域中选择[格子1]❸，就可以看到画面的左边显示代码、造型和声音三个标签❹。选择其他的角色，画面的左边会显示同样的标签。从这里可以知道，对于各个角色，可以分别设定它们的代码、造型和声音三种要素。首先这是一个要点。

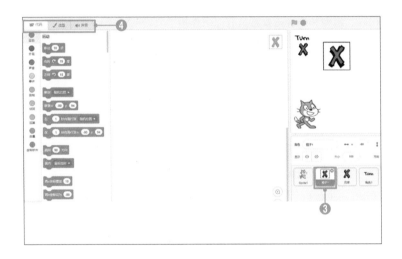

● 角色和代码、造型、声音的关系

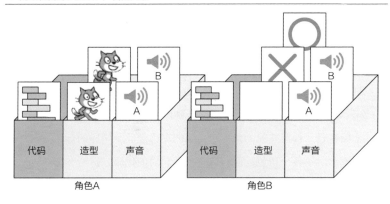

代码、造型和声音三要素具有以下作用。

● 代码、造型、声音的作用

功能名	作用
代码	编写为了控制角色的程序的地方。在Scratch中，事先已经有很多处理模块，通过将这些模块拖到一起相互组合，可以组成程序
造型	用来管理角色的外观的功能。对于某个角色，可以设定几种造型。显示哪种造型，将由脚本控制。Costume的直译就是"造型"，它的作用就像舞台上演员的造型
声音	用来设定声音的功能，在角色被点击，或者被移动，或者碰到东西时，将播放声音（音响效果等）

　　在本章所准备的"三子棋的材料"中，并没有代码和声音的材料。而制作这些材料正是本章的课题，请大家将解决这个课题当作一个有趣的学习过程吧。

　　不过，造型只是看上去的样子，跟编程没有直接关系，因此我们已经事先准备好了造型。有关各个角色的造型，我们将在下一节中进行讲解。

💡

[POINT]　**舞台的构成要素**

　　正如角色中包含三种要素，舞台中也包含各种要素。选择[舞台]❺，可以看到"代码"、"背景"和"声音"三个标签❻。跟刚才不一样的标签为"背景"。由于不能给舞台穿衣服，"造型"就变成了"背景"，不过这两者的作用几乎相同。我们可以先设定若干个背景，然后根据不同的角色，再切换背景。

　　另外，在舞台的"剧本"中，写的是有关整个项目的程序（处理）。而在执行某个处理的时候，根据具体情况，有时可以将这个处理写在舞台的剧本中，有时也可以将这个处理写在各个角色的剧本中。本章制作的"井字游戏"中，在这两个地方都会编写程序，因此请大家注意这两种程序在作用上的区别。

● 舞台的构成要素

各个角色的造型

在本章所准备的"三子棋的材料"中，事先已经登录了四个角色，而且对于这四个角色，在"井字游戏"中所需的造型也已经登录完毕。

作为程序的操作对象，造型也是一种重要的要素，我们首先详细地介绍造型。另外在这个程序中，**只有两个重要的角色，即"格子1"和"次序"**。

● Scratch猫（Sprite1）

在Scratch的初始状态下，Scratch猫作为一种角色，已经被自动登录在系统中。对于这个角色，在系统中也已经登录了两种造型。在[角色]区域中选择Scratch猫①，然后选择[造型]的标签②，会看到已经登录了两种图形了③。这两种图形就是这个角色的两种造型。

不过，在这次制作的"井字游戏"中，不会对这个角色进行任何操作，因此大家没有必要太在意这个角色的造型内容。

● Scratch猫的造型

● 文字列 "次序"（角色1）

文字列 "次序" 是用来点缀画面的角色，它的造型只有一种。跟刚才的操作相同，在[角色]区域中选择[角色1]❹，再选择[造型]的标签❺，可以看到[造型]的内容。对于这个角色，在系统中只登录了一种造型❻。

对于这个角色，在这次制作的 "井字游戏" 中也不会进行任何操作，因此也没必要太在意这个角色的造型内容。我们只是将这个角色放在画面的左上方。

● 文字列 "次序" 的造型

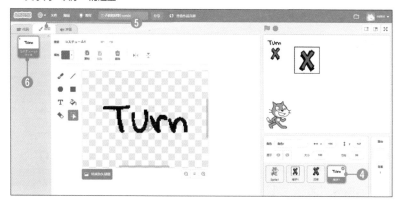

● [格子1]

在这次制作的 "井字游戏" 中，[格子1]无疑是最重要的角色。可以毫不夸张地说，**这个角色就是整个游戏的心脏**。让我们来看一下这个角色的造型。

在[角色]区域选择[格子1]❼，然后选择[造型]的标签❽，就可以知道在系统中已经登录了三种造型❾。

● [格子1]的造型

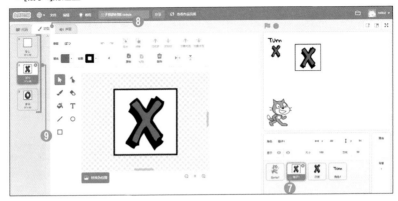

　　从这里可以知道，根据程序，角色[格子1]的造型可以**变成空白，或者"X"记号，或者"O"记号（外观会切换）**。这是一个非常关键的地方，请大家一定要牢牢记住。

　　另外还有一个重要的地方，那就是**各个造型的名称**。仔细观察造型的正下方，可以看到那里写着造型的名称，例如"无"、"叉"和"圆圈"❿。这个名称是非常重要的。在执行程序中的处理的时候，必须先指定

处理对象，而在Scratch中就必须先指定角色或造型的名称，才能对它执行处理。因此请大家一定要牢记"设定名称的地方"和"设定的名称内容"。

　　有关角色[格子1]，请大家牢记以下两点。

- 在系统中已经登录了空白、X记号和O记号三种造型
- 这三种造型的名称分别为"无"、"叉"和"圆圈"

　　顺便要说一下，点击[造型]进行变更⓫，角色的外观会发生变化⓬。请大家一定要试一下这个操作。

- 造型的切换

● [次序]

[次序]也是这次制作的"井字游戏"中的重要角色，**[次序]的作用是"显示接下来轮到谁"**。也就是说，[次序]的造型必定在 X 记号和 O 记号之间切换。

在[角色]区域中选择[次序]⑬，然后点击[造型]标签⑭。

- [次序]的造型

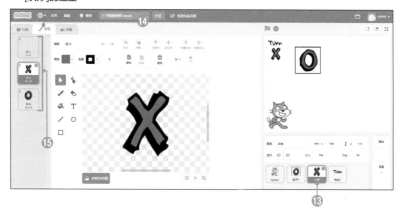

看上图就可以知道，对于角色[次序]，系统中已经登录了三种造型⑮，不过在这次的"井字游戏"中，我们将只使用其中的两种造型，即 X 记号的造型[叉]，和 O 记号的造型[圆圈]。

有关这次使用的"三子棋的材料"，我们的介绍就到此为止了。从下一节开始，我们终于要在这些材料的基础上，开始制作"井字游戏"了。如果在这个过程中对于角色或造型有任何不清楚的地方，那么请回到这一节，重新确认这节中的内容。

接下来愉快的编程时间就要开始了。请大家一定要坚持到底，做完"井字游戏"！

第一次学习"变量"和"列表"

在上一节中，我们进行了各种各样"为制作程序的准备工作"。不过我们只是准备了所需的零件，**从现在开始的操作才是"编程"**。请大家一定要实际动手，坚持编程并从中获得乐趣。

在这一节中，我们将介绍**"变量"**和**"列表"**功能，这是我们一开始就要学习的功能。我们将在后面详细地讲解这些功能，现在先继续制作"井字游戏"。

使用变量，追加"次序"和"胜者"的表示功能

在这里我们将使用程序中最基本的功能"变量"，制作在画面上表示"次序"和"胜者"的零部件。

1　点击并选择[角色]区域中的[舞台背景1]❶。

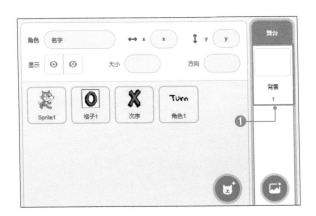

167

2 选择[代码]标签❷，再选择其中的[变量]分类❸，然后点击[建立一个变量]
按钮❹。
画面上弹出[新建变量]的对话框。在变量名中输入"次序"❺，再点击[确
定]按钮❻。

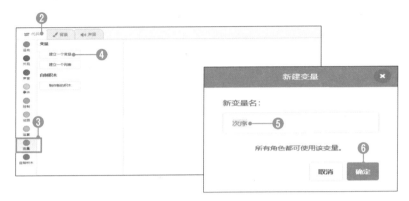

3 这样，变量[次序]就建好了，系统自动追加了几个模块❼。另外，在舞台
区域中，显示了变量[次序]❽，不过目前在变量[次序]中没有任何内容。

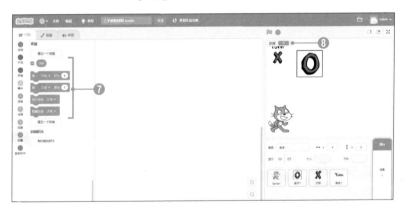

168

4 在这次制作的"井字游戏"中,变量[次序]不需要显示在画面上,因此我们将[次序]左边的选择框设为不选❾。于是,变量[次序]从画面上消失了(变为非表示)❿。

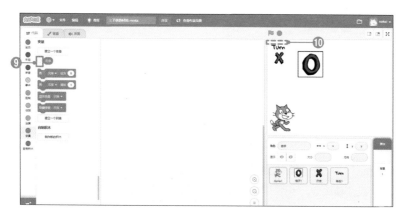

5 按照同样的步骤,建立变量[胜者]⓫。将这里的变量移到并表示在画面上方的中央⓬,也就是将这里的选择框仍设为打勾的状态。

6 接着,为了放置游戏的棋盘,我们来建立列表。点击[建立一个列表]按钮⓭,输入列表名[棋盘]⓮,然后点击[确定]按钮⓯。

7 这样，列表[棋盘]就建好了。在生成列表[棋盘]的时候，系统又自动追加了几个模块⑯。另外，在[舞台]区域中显示了列表[棋盘]⑰，这次在画面上也不需要显示列表，因此将列表处的打勾去掉⑱。目前[棋盘]中的内容是空的，没有任何内容，请大家记住这点。到这里，操作暂时告一段落。

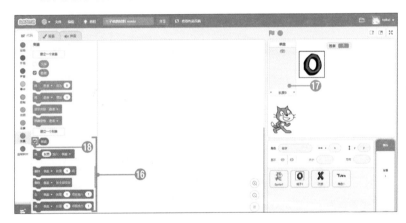

什么是变量和列表

在这一节中，第一次出现了两个程序上的专业用语，即**"变量"**和**"列表"**。

变量就像**"放东西的盒子"**。例如，可以制作一个名为"i"的变量，在其中放入"10"这个数字。以后只要参照变量i，就可以随时取出"10"这个数字。

● 变量i和数字"10"

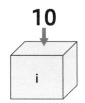

如果要更具体地说明，那么变量就是**"一种方便的功能，可以自由地放入数据，然后在这里暂时保存数据，并可以随时参照里面的数据"**。

而列表则是**"可以连续放入若干个变量的东西"**。例如，可以建一个名为"LIST"的列表，分别在其中放入放入三个数值，就成为如下图所示的样子。

● 列表LIST和三个数值

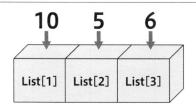

列表也是一种变量，如上图所示，可以将若干个数值用一个名称（列表名）来管理，这样的话，使用起来会很方便。

这次建立的两个变量和一个列表

在这次制作的"井字游戏"中，我们建立了以下变量和列表，我们来分别讲解一下它们的作用。

● 各个变量和列表的作用

种类	名称	作用
变量	次序	是一种变量，用于管理下一次轮到哪一方，即是"O"方还是"X"方，也就是在这个变量中放入的数据为"圆圈"或"叉"的数值
变量	胜者	用于显示谁是胜者的变量。当胜者为O的时候，放入的是"圆圈"的文字列；当胜者为X的时候，放入的是"叉"的文字列；当平局的时候，放入的是"无"文字
列表	棋盘	为了制作"井字游戏"的3X3的棋盘而准备的列表。在这个列表中放入的数据为"圆圈"、"叉"或"无"（空白）中的任意一个

● 各个变量和列表的内容

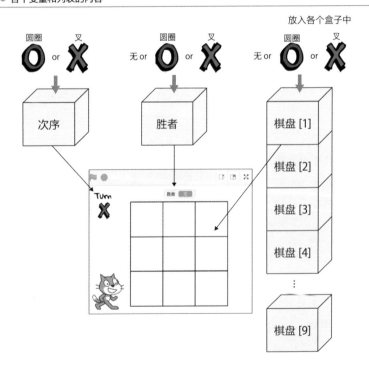

将数据初始化的程序

　　如果要让程序正常运行，那么在执行各种处理之前，就先要 **"将数据初始化"**，在程序中，这是非常关键的处理。初始化是为了执行程序而做的事前的准备工作。我们将在后面详细地讲解初始化处理，现在我们先继续编写程序。

1　我们将编写初始化程序，对前面一节中建立的两个变量和一个列表进行初始化。

点击并选择[角色]区域的[舞台背景1]❶，然后点击[代码]标签中的[事件]按钮❷。

从一览中将 ████ 拖到如下图所示的位置放好❸。这个模块可以跟各种处理模块相连，以后我们将放入"当 ▶ 被点击时，需要执行的处理模块"。

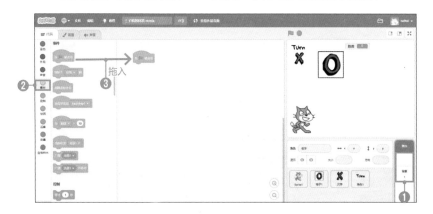

2 选择[变量]的分类❹，将 拖到 的下方，并将这两个模块相连
❺，然后将"0"改为"无"❻。
重复同样的操作，不过这次操作的对象不是变量"胜者"，而是变量"次
序"❼，这次将"0"改为"叉"❽。

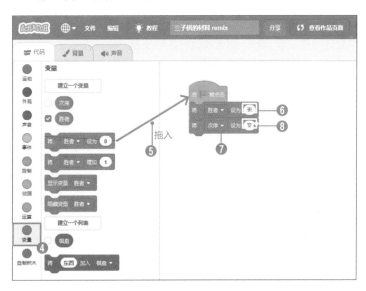

3 继续将 跟之前的模块相连❾，如下图所示❿。这样，当 旗被点
击的时候，列表"棋盘"中所有的要素都将变为空白。

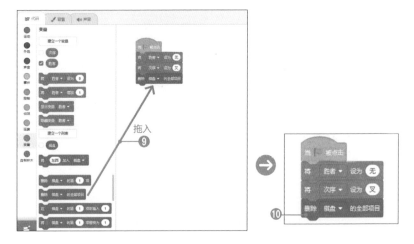

174

4 选择[控制]的分类**⑪**，将 拖入右边的画面，将数字 "10" 改为
"9" **⑫**。

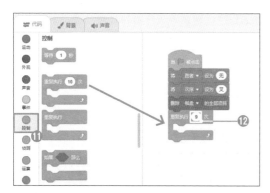

5 选择[变量]的分类**⑬**，将 放入循环处理中，并将 "东西" 改为
"无" **⑭**。这样，在程序开始的时候，变量[次序]、[胜者]和列表[棋盘]都将
被初始化。

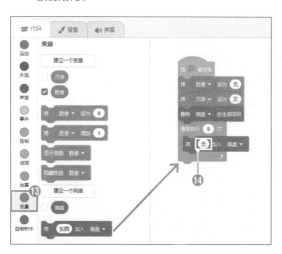

什么是初始化

在上面的步骤中，我们对变量[次序]和[胜者]，以及列表[棋盘]都进行
了初始化处理。在这节刚开始的时候，我们就曾经介绍过：**初始化就是为**

了执行程序而做的事前准备工作"，那么实际上初始化处理的目的是什么呢？让我们来具体看一下。

这次，我们制作了这样的程序，即在游戏开始的时候，将"无"文字赋予了变量[胜者]，又将"叉"这个数值赋予了变量[次序]。此外，在删除列表[棋盘]中所有的变量之后，又将九个"无"文字放入了列表[棋盘]中。

● 变量[胜者]和[次序]，以及列表[棋盘]的初始化

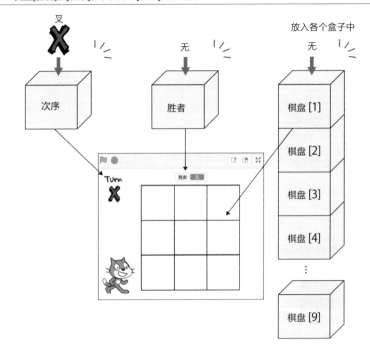

通过初始化处理，游戏一开始就会显示这样的状态，即"胜者：无"和"次序：叉"。由于这个游戏必须从"叉"开始，在初始化处理中还必须加入"次序：叉"。

在对列表[棋盘]进行了初始化处理之后，我们只需在画面上表示[棋盘]，就可以知道实际运行的结果。在[棋盘]处打勾❶，点击▶运行程序

❷，就可以看到运行结果。我们看到列表[棋盘]的变量在一瞬间消失了，接着马上又在列表上显示了九个"无"文字的变量（追加了九个变量）❸。这些"无"文字的变量就是列表[棋盘]在初始化之后的内容。确认完毕后，再次点击[棋盘]处的选择框，将勾去掉，将这个变量仍设为不表示。

● 列表[棋盘]的初始化处理

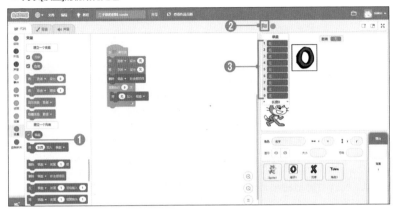

通过这样的初始化处理，在游戏开始的时候，可以对胜者、次序和棋盘的状态进行重新设置，这次我们将游戏的初始状态设定为什么都没有，这也是**游戏开始时的最佳状态**。

如果不进行这样的初始化处理，那么在游戏开始的时候，画面上就会显示上次游戏结束时的状态，例如"胜者：圆圈"，还有可能在游戏开始时就显示"次序：○"。

如上所述，为了能够完全排除意料之外的情况，在计算机的程序中，往往会进行初始化处理。在一个程序中，初始化处理是非常关键的处理，请大家一定要牢记这一点。

循环处理是一种非常重要的功能

在这次制作的程序中，还使用了一个非常重要的功能，即**"循环处理"**功能。在刚才的程序中，将"'无'追加到'棋盘'"的处理**"反复了9次"**。

虽然只在处理上追加了一个[控制]分类中的模块，**但这个模块在程序中却是非常关键的。**

程序的处理流程，基本上只有以下三种。

- 顺序处理
- 循环处理
- 条件分歧处理

顺序处理，正如它的名称那样，是从前到后按顺序执行指定命令的处理。到目前为止所介绍的其他所有命令，都属于顺序处理的指令。

循环处理是**"在满足一定条件的时候，无限地重复执行指令的处理"**。这次，我们明确地将循环次数设为"9次"，因此程序会重复9次执行这个指令。不过在循环处理中，**"循环次数"**不一定为固定值。在本书中，稍后我们还将介绍另外一种循环处理，在那种循环处理中，先赋予某种 条件 ，在满足条件之前，一直重复执行循环内的处理。

条件： 任何一方拿到五个点数之前
处理： 无限次地执行步骤1到步骤4

在满足 条件 之前，即在任何一方拿到五个点数之前，循环处理将永远继续下去。

循环处理的威力强大

大家绝不能小看循环处理。如果能够正确地使用循环处理，那么就可以极大提高编程的效率。

在程序中，往往会多次执行同样的处理。这次的"井字游戏"就是一个这样的例子。也许有人会认为：**执行9次的话，写9次同样的处理不就行了吗？** 的确，以下两种处理的运行结果完全相同。

● 不使用循环处理和使用循环处理

不使用循环处理

使用循环处理

的确，如果只重复执行9次相同的处理，那么在程序中写9次同样的处理也不麻烦。不过请大家考虑一下如果要执行一万次相同处理的情况，如果不知道循环处理，那么只能不停地排列一万个同样的模块。而如果知道循环处理，那么只需使用循环处理，并将循环次数从"9"改成"10000"，全部的处理就完成了。

● 循环次数的变更

如上所述，只要学会使用循环处理，在需要"重复进行相同处理的时候"，就可以极大地提高编程的效率。

条件分歧是什么

有关**条件分歧**的内容，本章节到目前为止的介绍中还没有出现过。我们先简单地介绍一下什么是条件分歧（在后面将详细地介绍：P.185）。

条件分歧处理就是**"在程序中根据所指定的条件的结果，切换将要执行的处理"**。拿现实生活中的例子来讲，下面的情况就属于条件分歧处理：如果奖金超过三十万日元（条件），那么就换一台计算机（处理）。在这次制作的"井字游戏"中，也会用到各种各样的条件分歧处理。条件分歧处理在本书后面的内容中还会出现，现在请大家稍等片刻。

程序中的三大处理

用流程图来表示顺序处理、循环处理和条件分歧处理，就会成为下图的样子。请大家一定要将处理流程跟实际的模块结构相比较，世界上所有程序的所有处理都可以用这三种处理流程来实现。

● 程序中的三种处理

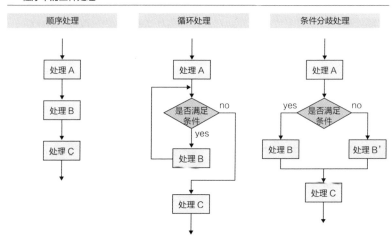

Section
05
追加 "次序" 的初始化处理

在这次制作的"井字游戏"中，第一步一定要从"X"开始。因此，对于角色[次序]，在程序中也进行了初始化处理，也就是将在程序中追加一个这样的处理：在游戏开始的时候，在画面上显示 X。现在我们来编写这个处理。

① 在[角色]区域中，点击并选择[次序]❶，再选择[代码]标签，然后选择[事件]的分类❷。

将 拖到右边的[代码]区域放好❸。

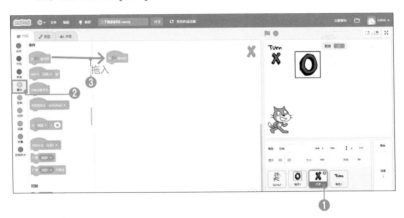

② 选择[外观]的分类❹，将 换成 圆圈▼ 造型 拖到[代码]区域，跟之前的模块相连❺，并将"圆圈"改为"叉"❻。

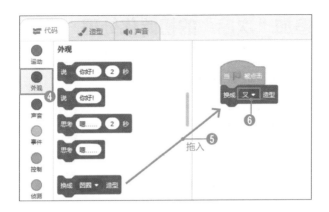

3 这样，在游戏开始的时候（当▶被点击旗的时候），角色[次序]就会显示为[×的记号]。在这里，我们点击▶，进行实际确认❼。[次序]成功地表示为[×的记号]❽。

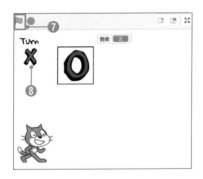

[POINT] 如果[次序]的造型都是"×"，那么在确认初始化处理之前，请先选择角色[次序]❾，再选择[造型]的标签❿，然后点击"○"⓫，在变更了造型之后，再执行以上步骤。

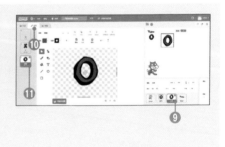

对格子的事件进行编程

在这里，我们将编写棋盘被点击时执行的处理。我们将具体编写以下的处理。

- 在被点击的棋盘为空白的时候，显示现在的次序（O或X）
- 在被点击的棋盘不为空白的时候（棋盘上已经显示了O或X的时候），不做任何事情

1 在[角色]区域中点击并选择[格子1]❶，再选择[代码]标签❷，然后选择[事件]的分类❸。

将 拖到右边的[代码]区域中放好❹。

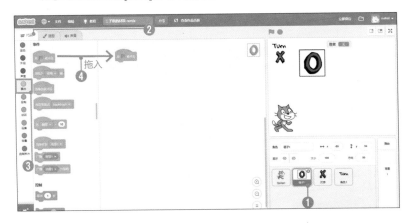

② 选择[外观]的分类❺，将 跟之前的模块相连❻，并将"圆圈"改为"无"❼。

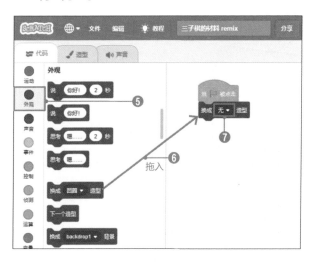

③ 选择[事件]的分类❽，将 拖到[代码]区域的空白处❾。

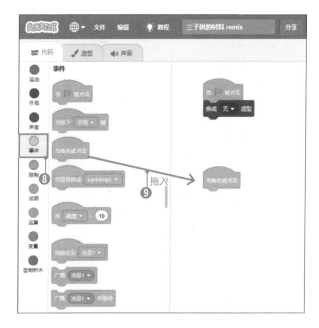

[POINT] 事件就是处理的起点

在上面的步骤中我们放入了 ，在这次的"井字游戏"中，这是我们第一次使用这个模块。到目前为止，我们放入的几乎都是 的模块。

这两种模块的共同点是它们都可以作为**"操作的开始"**。也就是说，在[事件]分类中既存的模块，都是**为了开始某些处理的用作起点的模块**。记住这点以后，我们再来看看[事件]分类中既存的其他模块，就可以看到这里有各种作为起点的模块，例如"当按下某某键"、"当背景换成某某"，"当接收到某某消息"等。

如上所述，如果大家能够理解各个基本分类中的各种模块，那么在执行某种处理的时候，就会知道为了实现这个处理会用到哪些模块，这些模块分别属于哪种类型的。

④ 选择[控制]的分类⑩，将 拖到[代码]区域，跟之前的模块相连⑪。

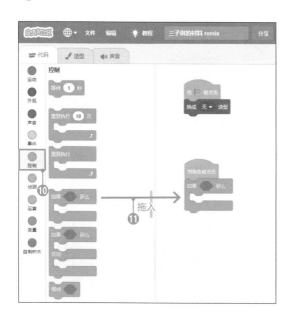

5 选择[运算]的分类⑫，将 ◆◆◆ 放入[如果<>那么]的中间⑬。这是我们第一次做这样的操作，请大家要有耐心，进行如下图所示的操作，应该可以将这个模块拖进去放好。

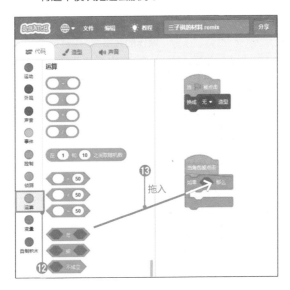

6 继续从[运算]分类中选择 ◯◯，放在之前的两个模块的中间⑭。有些模块在外观上相似，在这里我们使用的是[◯=◯]的模块。

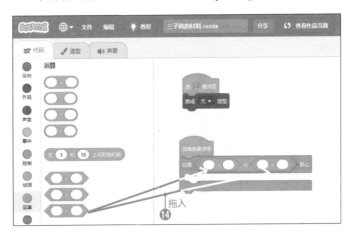

7 选择[变量]的分类⑮，在左边等式的左边放入 胜者 ⑯，在这个等式的右边输入文字"无"⑰。

然后在右边等式的左边放入 棋盘 ▼ 的第 1 项 ⑱，在这个等式的右边输入"无"⑲。

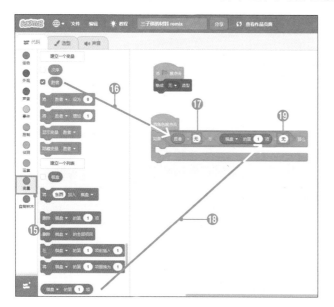

💡
[POINT] 条件分歧处理中的条件是怎样的条件

刚才我们指定了下面这样的条件，那么这是怎样的条件呢？

左边的条件很简单，在"胜者=无"的时候，也就是在没有分出胜负的时候，执行后面的处理。如果胜负已定，那么就没有必要继续游戏了，因此我们在这里设定了这个条件。

右边的条件是去确认列表[棋盘]中的第一个角色[格子]中的内容（造型）。如果造型为"无"，也就是当造型为空白的时候，那么将继续处理。而当所有[格子]的造型已经被设定为"O"或"X"的时候，由于不能改写已经设好的值，写入O或X的对象的值必须为"无"（空白）。

在这里指定了这样的 条件，**即只有当上述两个条件都满足时才会继续处理。**

8 我们继续追加在满足上述两个条件的时候的处理。选择[外观]的分类⑳，将 换成 圆圈▾ 造型 放入条件的模块中㉑。

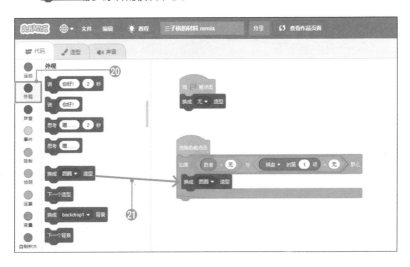

9 选择[变量]的分类㉒，将 次序 放入"圆圈"之中㉓。
然后将 将 棋盘▾ 的第 ① 项替换为 东西 跟之前的模块相连㉔，同样地，将 次序 放入"东西"之中㉕。

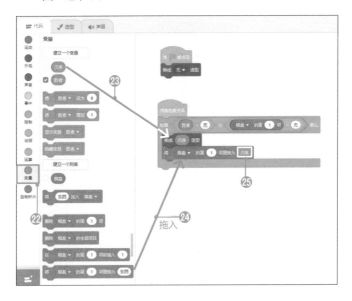

10 选择[事件]的分类，将 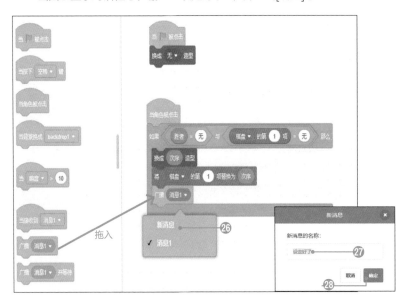 跟之前的模块相连，点击▼符号并选择[新消息] ㉖。

画面上显示对话框㉗，输入"设定好了"，并点击[确定]㉘。

11 这样，对角色[格子1]的设定就结束了。如果画面表示为下图的样子，那么设定就完成了。

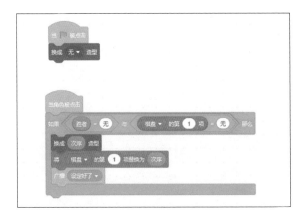

在条件分歧处理中的处理

有关在条件分歧处理中指定的 条件 ，我们已经在P.187做了详细的讲解，如果我们简单地归纳一下，那么实际上在程序中设定了以下两个条件。

- 当胜者为"无"的时候，即胜者不存在的时候
- 列表[棋盘]中的第一个角色[格子]为"无"的时候，即为白格子的时候

　　只有当上述两个条件全满足的时候，才会执行以下的处理。

- 将自己本身[1]的造型（外观）设为现在[次序]中的状态
  也就是如果现在[次序]的状态为"圆圈"，那么设为"〇"，如果现在[次序]的状态为"叉"，那么设为"Ｘ"
- 用列表[棋盘]的第一个变量的值替换[次序]中的值
- 广播"设定好了"的消息

也就是说，在执行程序的时候，如果还没有胜者，并且列表[棋盘]的第一个格子（最终将是左上角的那个格子，不过现在只有一个格子）为"无"，次序为"叉"，那么[格子1]将显示为"叉"。

最后我们放了"设定好了"的处理，这是为了追加以后的处理而准备的模块，对于这个模块，大家现在只要知道**"这是在以后的处理中使用的模块，会广播'设定好了'的文字列"**就行了。以后我们将详细地讲解这个处理。

现在我们要来看一下，到目前为止所写的程序是否正确。我们实际运行程序，并确认运行后的结果。点击 ▶ 运行程序❶，然后在空白格子上点击鼠标。如果"Ｘ"显示在白格子上，那么程序就运行成功了❷。

＊1　这是写在角色[格子]中的程序，因此这里的"自己本身"指的就是[格子1]。

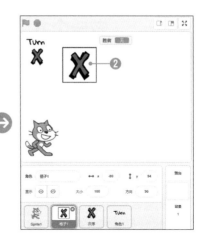

　　如果白格上的图形并没有如上图那样进行切换，那么就意味着到目前为止所写的程序中隐藏着错误。在这里请大家不要轻易地放弃，将刚才的过程重新检查一遍。

💡
[POINT] 编程就是一次次的修改

　　在编写程序的过程中，所写的程序第一次就能运行成功，实际上这样的情况是极少有的。通常都是在反复修改了各种失误和各种错误之后，才能成功地运行一个程序。大家绝不要因为一次失误，就意气消沉。写完的程序最后肯定都能正常运行，因此请大家不要气馁，再重新检查一下刚才的各个步骤。另外，这样的行为，用编程的专业术语来说就是"抓错"。

Section

07 做一个九个格子的棋盘

从现在开始，我们将用既存的角色[格子1]，制作一个3×3的九个格子的棋盘。

1 在[角色]区域中，选择[格子1]，然后点击鼠标的右键，再点击[复制]❶。
（根据所用的操作系统（OS）或浏览器的种类和版本的不同，有时候可以直接按[Shift]+[Alt]+左）

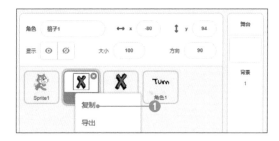

2 这样[格子2]就复制好了❷，将它放到紧贴[格子1]的右边❸。

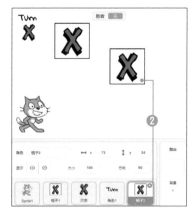
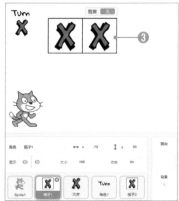

3 [格子2]将直接继承[格子1]中的所有程序。现在我们要对被继承的程序进行修改。在[角色]区域中选择[格子2]❹，再选择[代码]标签❺。将条件分歧处理中的"第1项"改为"第2项"（两个地方）❻❼。

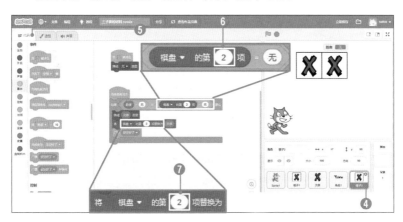

4 重复同样的步骤，一直到[格子9]❽，并修改每个格子的脚本❾。例如，对于[格子9]，同样修改两个地方，并都改为"9"❿。

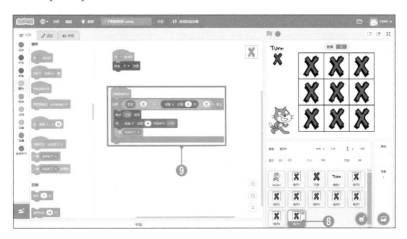

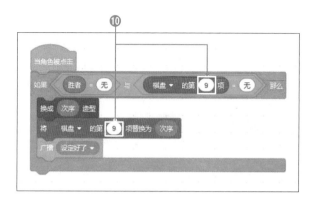

通过这样的操作，应该可以点击全部的九个格子了。不过现在点击其中的任何一个格子，格子上都将显示"×"。为什么会这样呢？因为我们还没有追加在"〇"和"×"之间切换的功能。在下一节中我们将追加这个切换功能（次序的切换功能）。

[POINT] **角色的名称变更和详细信息**

有关程序中既存的角色的名称和其他信息，我们可以通过角色上方的文本框进行确认或变更。

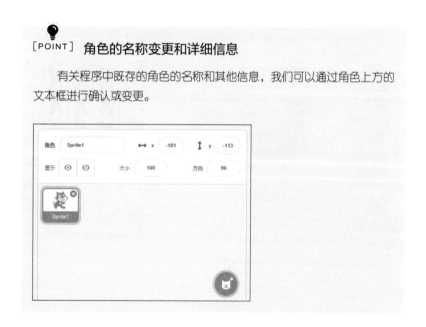

Section
08　追加次序的切换功能

在这一节中，我们将在程序中添加[次序]的切换功能。在添加了这个
功能之后，就可以在游戏中交替地画"×"和"O"。

1 在[角色]区域选择[次序]❶，并选择[代码]标签❷。这时在[代码]区域中，
已经存在了在P.181中添加的初始化处理❸。这里我们将添加初始化处理
以外的处理。

选择[事件]标签❹，将 拖到[代码]区域❺。

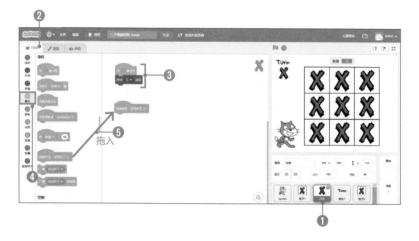

> **memo**
>
> 　　在这里我们将"当接受到<设定好了>"的模块作为这个功能的起
> 点，其中的<设定好了>的文字列是在P.189中设定的文字列。也就是说，
> 将实现这样的流程：当[格子]广播<设定好了>的文字列的时候，将执行从
> 现在开始添加的处理。

2 选择[控制]标签❻，将 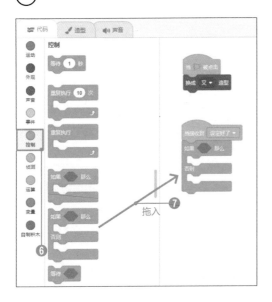 跟之前的模块相连❼。

3 将前面学到的操作进行总动员，组成如下图所示的模块结构❽。如果大家有不清楚的地方，那么请参照P.185~P.187中的内容。

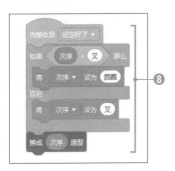

这样，[次序]的切换功能就完成了。上面的这些模块将执行以下处理。

- 如果[次序]为"叉"，那么将[次序]设为"圆圈"
- 否则的话，将[次序]设为"叉"

这里的**"否则的话"**，具体是指 "次序" 为 "圆圈" 的时候。也就是将进行这样的切换处理：在 "叉" 的时候变为 "圆圈"，在 "圆圈" 的时候将变为 "叉"。这就是在P.180中所介绍的**"条件分歧处理"**。根据所指定的条件的判定结果（Yes/No），切换将要执行的处理。

画面上的[格子]的最终造型，将为此时设在[次序]中的状态（O或X）。

在这个处理中，另外一个需要注意的地方是执行处理时的顺序。正如刚才介绍的那样，**在九个[格子]中的任意一个被点击的时候**，都将执行这个处理。对于[格子]中的程序和[次序]中的程序，请大家仔细地梳理一下这两个角色的程序之间的关系。

● 角色[格子]和角色[次序]的关系

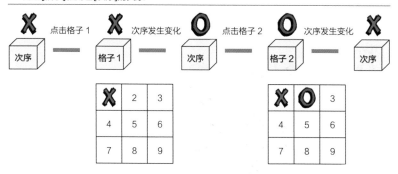

在写完上面这些程序之后，点击 ▶ 运行程序，并确认运行后的结果。虽然游戏现在还不能判定谁是胜者，不过在点击 ▶ 的时候，所有的格子都变为空白，而且还可以在格子上轮流画上 O 和 X 。

Section

09 实装判定胜负的处理

终于要制作最后的处理了，最后我们将追加**"判定游戏胜负的功能"**。

实装判定胜负的功能

判定游戏胜负的功能跟"整个游戏"都有关，因此不能将这个功能追加在个别的角色中，而要追加在控制整个游戏的**"舞台"**中。

1 在[角色]区域选择[舞台]❶，再选择[代码]标签❷。在[代码]区域中，已经存在了在P.173的初始化处理中追加的模块❸。

这次我们将追加初始化处理以外的处理。选择[事件]的分类，将 拖到[代码]区域❹。

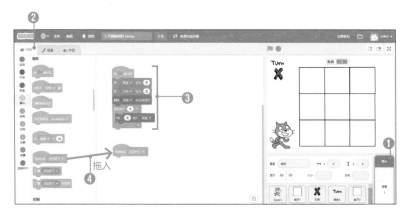

[POINT] 使用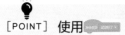

　　作为事件的起点，在这里我们使用了模块 当接收到 设定好了，在前面一节实装 "次序的切换功能"的时候，也曾用到这个模块（P.195）。我们将"广播 <设定好了>"的功能，设在了全部的九个格子中。也就是说，当九个格子 中的任意一个被点击的时候，都将执行从现在开始追加的"判定胜负的功 能"。这点非常重要，请大家一定要记住。

2 将[控制]分类的 如果 那么 跟之前的模块相连，再放入[变量]分类中的 将 胜者 设为 0 ，
并如下图所示组合模块❺。

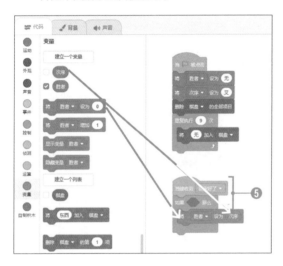

3 在条件算式中放入[运算]分类中的 与 ❻，然后在这个式子的右边再放 入一个 与 的模块❼。

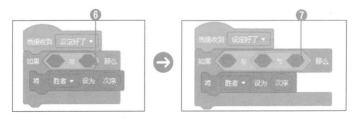

④ 将[运算]分类中的 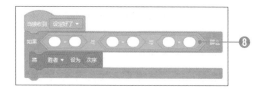 放入所有的空白项中（一共有三个地方）❽。

❺ 作为一种胜利的方式，当格子1、格子2和格子3（最上面的一行）都为 "O"，或都为 "X" 的时候，此时次序中的那方将成为胜者，现在加上这 个条件式❾。

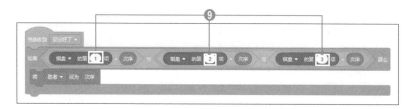

❻ 在由九个格子构成的"井字游戏"中，一共有八种取胜的方式。为了追加 跟上面相似的条件式，我们在条件式的"如果"的地方点击鼠标的右键， 再点击[复制]❿。

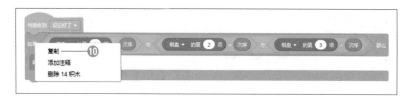

❼ 现在我们复制了一个完全相同的条件式，将这个条件式跟原来的条件式相 连，并改变这个条件式中的内容。如下图所示，将条件改为当第四、第五 和第六的格子（中间一行）的内容相同，并且全部为"O"或"X"的 时候⓫。
接着重复同样的操作，将所有胜利方式的条件都连在一起。如果连接了八 种胜利的方式⓬，那么这个处理的操作就完成了。

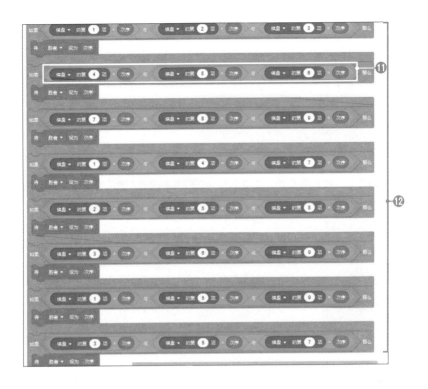

⑪

⑫

● 格子的序号和胜利方式

胜利方式 1	胜利方式 2	胜利方式 3	胜利方式 4
1、2、3 被填满时	4、5、6 被填满时	7、8、9 被填满时	1、4、7 被填满时

胜利方式 5	胜利方式 6	胜利方式 7	胜利方式 8
2、5、8 被填满时	3、6、9 被填满时	1、5、9 被填满时	3、5、7 被填满时

这样，在满足胜利方式的时候，变量[胜者]中的值将被设为此时变量[次序]中的值（"圆圈"或"叉"）。

"胜者=无"时的处理

在没有分出胜负的时候，也要执行处理。这个处理的内容虽然简单，不过如果没有这个处理，那么程序将不能正常运行。

1. 从[控制]分类中选择 ![icon]，并跟之前的模块相连，如下图所示组合模块❶。

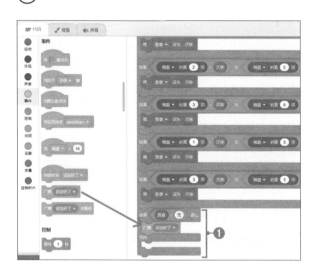

2. 现在修改广播的消息的内容。点击[设定好了]右边的▼❷，选择[新消息]❸，然后输入"再来一次"❹，最后点击[确定]❺。

③ 广播的消息内容已被更改，如果画面显示为下图的样子，那么变更就成功
了⑥。这时[否则]的下面仍为空白⑦，在这里将放入在后面一节中介绍的音
响效果，因此请大家暂且让这里为空白。

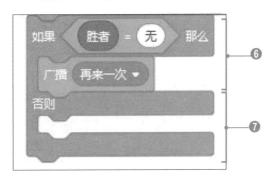

音响效果的追加

在Scratch上还可以设定"声音"。如果没有任何声音，那么我们千辛
万苦制作的游戏会显得缺少乐趣。最后我们来追加音响效果。

① 在[角色]区域中选择[舞台]①，再选择[声音]标签②。在这里也可以加入自
己录制的声音。
不过这次我们点击[选择一个声音]图标③。

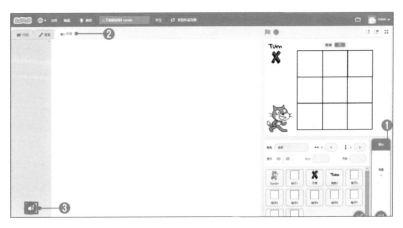

2 在[选择一个声音]标签中❹，选择[效果]的分类❺，再选择[water drop(水滴)]❻。

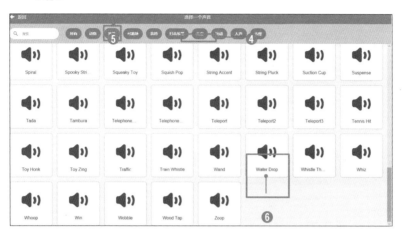

3 我们将音响效果追加到"井字游戏"中。选择[代码]标签❼，再选择[声音]的分类❽，将 播放声音 Water Drop 放到如下图所示的位置❾。这样，当格子被点击的时候，就会发出水滴的声音。

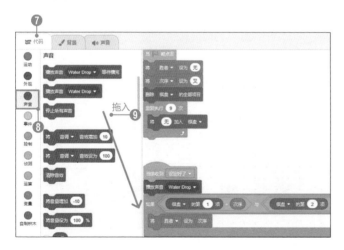

4 最后，我们追加决出胜负时的音响效果。按照跟刚才相同的步骤，加入[人声]分类中的[Cheer（庆祝）]的声音。在前面一节中已经预留了最下面模块处的空白，在这里追加刚才所选的音响效果。这样，在决出胜负的瞬间，游戏将会发出欢呼声⑩。

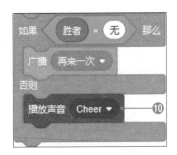

最后一道工序

通过到目前为止的操作，程序就差不多完成了，不过还剩下一道工序。在现在的程序中，即使胜负已定，角色[次序]还会在棋盘被点击的时候做出反应。最后我们来修改角色[次序]的程序。

1 在[角色]区域选择[次序]❶，在接收消息的地方点击▼❷，将消息从现在的"设定好了"改为"再来一次"❸。

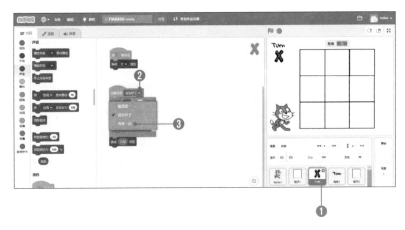

②　如果角色[次序]的脚本内容如下图所示❹，那么这个程序就完成了。

③　点击▶，就可以愉快地开始"井字游戏"了❺。

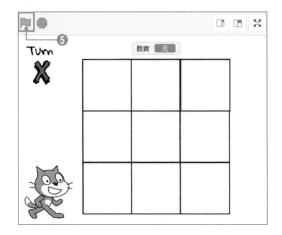

当程序不能正常运行的时候

如果程序不能正常运行，并且也不清楚问题出在哪里，那么请参照本书专门为读者准备的例子。请访问以下网址，并点击画面右上方的[观看程序页面]❶，就能看到目前公开中的全部的既存程序。请大家仔细检查程序中每一步的内容，看一看到底哪里跟自己的程序不一样。

URL https://scratch.mit.edu/projects/296817664/

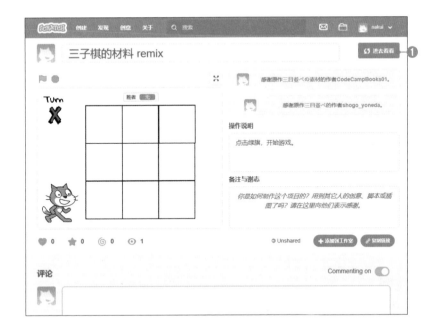

如上所述，在Scratch上，可以看到别人公开的程序。对于学习者，这是非常方便而且必不可少的。有关这方面的内容，我们将在下一章中进行讲解。

借鉴他人程序的
重要性

The importance of practical use of others programmes.

01 要"借鉴他人的程序"

在介绍Scratch概要的时候，我们曾经介绍过Scratch的一大特点，在Scratch上**"谁都可以通过自由地修改别人已经公开的程序，制作自己的程序"**（P.116）。

这里我们将介绍怎样在"别人制作的程序"的基础上，制作自己的项目，当然这些"别人制作的程序"，都是在网上公开的程序。从零开始制作一个程序，会很费力，而如果能够充分借鉴已有的程序，那么就可以大大减少编程上的工作量。

另外，不仅在学习Scratch的时候，而且在学习所有其他编程技能的时候，大量阅读别人制作的项目和程序，都是必不可少的。请大家一定要去实际体验各种项目，然后再去看一下为了实现这些功能，程序是怎样构成的。

1 这次我们将检索一个怀旧游戏"弹球小游戏（Pinball）"。在Scratch的首页上点击[发现]❶，然后在画面上方的检索框内输入"GLITCH PONG"，并检索❷。

②画面上会显示若干个检索结果，我们点击最原始的弹球小游戏"GLITCH PONG"，这是由catfishboy10制作的❸。

③为了了解这是一个怎样的游戏，我们先玩一次游戏。点击画面中央的绿色旗帜，并开始游戏。通过操作键盘上的W键和S键，以及↑键和↓键，分别移动左、右两块挡板。

如果大家觉得这个游戏有趣，那么请点击画面右上方的[进去看看]❹。

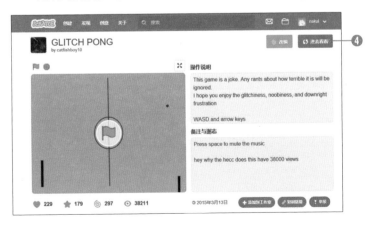

Chapter 09 借鉴他人程序的重要性

④ 选择角色或舞台❺，就能看到"GLITCH PONG"的程序结构，并了解实现游戏中的各种功能的方法❻。如果要将这个游戏改编成自己的游戏，那么就点击画面左上方的[改编]❼。

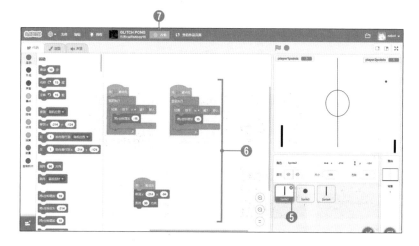

⑤ 点击后，画面中的[改编]按钮，几秒后变成[分享]按钮。这样就可以将别人制作的程序追加到自己的项目中，并自由地进行改编了。

如上所述，在Scratch上可以将世界上的任意一个制作者（Scratch用户）制作并公开的程序，随意地放入自己的项目中，并进行改编。

尝试解读别人的程序

　　要在别人制作的程序的基础上制作自己的程序，就必须先搞清楚原来程序的结构和内容。

　　在这一节中，我们将讲解怎样阅读别人的程序，这些程序都是在别人公开的项目中的。不过，我们并不会详细地解读每个程序，而是将注意力放在理解程序的结构上。

　　在"GLITCH PONG"中，除了游戏的背景，还有三个角色，即两块挡板和一个球。现在我们来分别看一下这些角色的程序。

两块挡板的程序

1　在[角色]区域中选择挡板❶，这时左边的[代码]区域中会显示相应的程序❷。

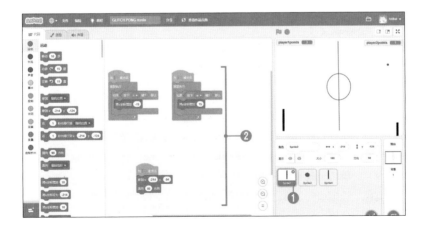

213

② 这个程序的处理内容分为以下三大部分。

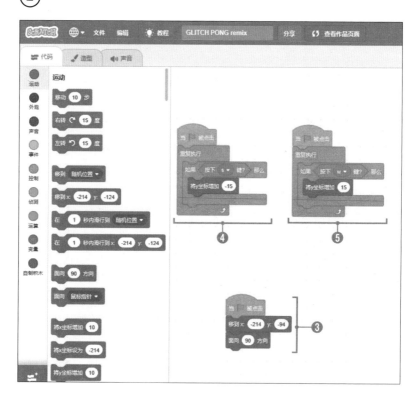

1. 对挡板的位置进行初始化处理❸。在程序开始的时候，对于左边挡板，将位置设为[x坐标：-214、y坐标：-94]，方向设为[90度]。

2. 让挡板向下移动的处理❹。这里的处理内容是，[当<s键按下>，y坐标就会增加-15]。y坐标增加-15，也就是挡板会向下移动。由于这个处理全部在[重复执行]中，如果一直按S键，那么角色的y坐标就会一直向下移动。

3. 让挡板向上移动的处理❺。程序的内容跟向下移动的时候相同。在这里，如果一直按W键，那么y坐标就会每次移动15（向上移动）。

③ 在[角色]区域中选择另一个挡板❻，可以看到这里的处理内容跟刚才左边
挡板的相同。不同的是，在控制挡板上下移动的时候所用的键不同。对于
右边的挡板，通过⬆键和⬇键进行操作❼。

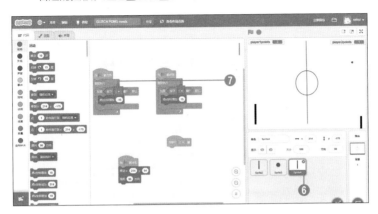

球的程序

　　"GLITCH PONG"的主要程序都写在角色球中。跟之前的程序相
比，这里的程序明显要长。不过请大家放心，我们将从上到下对程序的每
一步依次进行讲解。

① 在[角色]区域中选择角色球❶。看一下[代码]区域的话，发现那里显示了很
多模块❷。

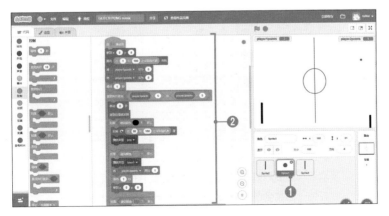

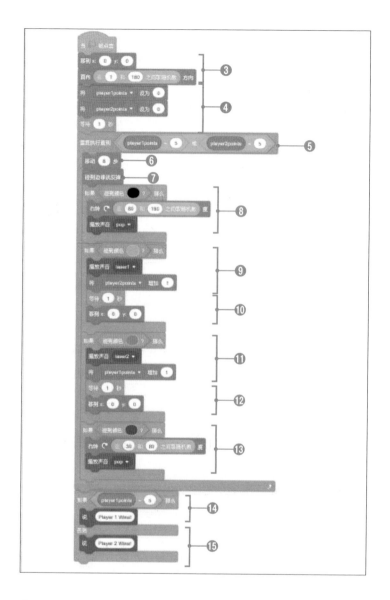

步骤 1. 点击绿色旗，让球回到画面中央，同时将球的前进方向设为随机数
（random）❸。

步骤 2. 将双方玩家的点数都设为0（重置），并等待1秒钟❹。

步骤 3. 在任何一方拿到5个点数之前，重复步骤4到步骤11❺。

步骤 4 . 　让球移动8步（"步"意味着球的速度）❻。

步骤 5 . 　球碰到边缘后，反弹（步骤6以后的所有处理中的基本设定）❼。

步骤 6 . 　球碰到黑色物体（玩家操作的挡板）后，弹向任意的方向（80到180度），同时播放声音POP❽。

步骤 7 . 　球碰到绿色物体时，播放声音，并给玩家2加1分（玩家1失1分）❾。

步骤 8 . 　等待1秒后，让球回到画面中央❿。

步骤 9 . 　球碰到橙色物体时，播放声音，并给玩家1加1分（玩家2失1分）⓫。

步骤 10. 　等待1秒后，然后让球回到画面中央⓬。

步骤 11. 　球碰到蓝色物体后，弹向任意的方向，同时播放声音POP⓭。

步骤 12. 　如果玩家1拿到了5分，那么显示"Player 1 Wins!"⓮。

步骤 13. 　如果玩家2拿到了5分，那么显示"Player 2 Wins!"⓯。

　　怎么样？看上去很复杂的程序，按照顺序一步步理解的话，虽然不是很精确，不过基本上可以搞懂整个程序的流程了吧。在这个过程中，**关键是要理解程序的结构**。在阅读已有的各种程序的时候，大家有时会有一种恍然大悟的感觉：**原来如此，原来可以这样做啊**。如果大家能够不断积累这样的经验，那么编程的基本能力一定能够突飞猛进。

尝试改编别人的程序

　　在完全搞懂了别人制作的程序之后，我们就可以在别人的程序的基础上，制作一个具有自己风格的程序了。通过这样的方法，就不用每次都去制作程序中的基本部分，从而提高编程的效率。

　　在改编"GLITCH PONG"的时候，我们可以自由地修改"球速"、"显示的信息"和"球反弹的角度（随机数数值）"，还可以更改球的外观和游戏的规则（五分制）等。请大家一边提出各种修改方案，一起考虑实现这些方案的方法。

专栏

从 Scratch 走向世界

在Scratch上制作的软件、游戏和动画，可以移植到其他软件。如果大家的编程能力已经获得提高，并开始用高级的程序语言编写程序，那么就可以将在Scratch上制作的项目用到软件的开发或网页的制作上。有关详细的移植方法，可以参照"Porting Scratch Projects"（英语）。

● Porting Scratch Projects

URL https://wiki.scratch.mit.edu/wiki/Porting_Scratch_Projects

日本编程教育的现状

2013年6月5日，日本政府发表了安倍经济学的第三支箭"唤起民间投资的成长战略"的草案。在草案的"培养和确保高水平的信息技术人才，并以此为产业竞争力的源泉"项目中，明确地写着**"要从义务教育阶段开始，推进编程教育等信息技术教育"**。从2012年开始，在初中的技术家庭课程中，**"通过编程进行测量和控制"**成为必修内容，可以预想在义务教育中，今后编程教育的覆盖面将不断扩大。

● 佐贺县武雄市的实证研究

作为官产学合作的一个项目，佐贺县武雄市在2014年公布将跟DeNA股份公司、东洋大学一起，进行面向小学生的有关编程教育的实证研究，并实施了这项研究。

在实证研究中，以武雄市市立山内西小学的一年级学生为对象，利用放学以后的时间，总共实施了八次编程教育的实证研究课程。这次实证研究的目的在于**探索在初等教育中编程教育的可行性**。这也是首次在公立小学所做的尝试。

具体课程（实证研究）的内容如下：

- 使用DeNA自己开发的用于苹果平板电脑的教材软件
- 学生们自己制作原创的游戏和动画
- 在最后一节课上，学生们将发表自己的作品，并跟其他同学和家长分享

DeNA在公司的新闻公告中，发表了以下内容。

在学生们上完最后一节课之后，我们进行了问卷调查。结果显示，上过课的学生都表示愿意在第二年以后继续学习编程。在取得学生家长的理解，并得到武雄市教育委员会的继续支持的前提下，对于在上一一年度接受了编程教育的山内西小学的新二年级的39名学生，我们将通过采用公司新开发的课程的方式，继续实施编程教育。

（中间省略）

另外，根据在上一年度实施的编程教育中收集到的数据，我们修订了面向小学一年级的课程，并将修订后的课程提供给山内西小学和武雄市市立若木小学（校长：山崎健彦）。两校新一年级的学生（一共45名）将在第二学期或以后上课。而面向一年级新生的课程，将在DeNA的监修下，计划将由各个学校的任课老师在放学后的时间实施。

出处 http://dena.com/jp/press/2015/06/09/1/

在DeNA的同一篇新闻公告中还有这样的内容：**今后DeNA将提供更多的机会，让孩子们从小就能接触到编程，从而让孩子们能够有机会体会到"运用信息技术制作东西的乐趣"。孩子们担负着国家的未来，DeNA将在提高孩子们的创造力上继续做出努力。"**

在日本，编程教育还处在黎明期，而武雄市则做出了一个好的榜样，行动迅速的地方已经取得了显而易见的成果，并先行一步。未来，接受义务教育的日本的全部年轻人都将学习编程，这样的前景也为期不远了。

● 日本编程教育的内容

日本的编程教育是在**文部科学省制定的学习指导要领的规定下运行的。**学习指导要领开始于第二次世界大战刚结束时，而在1989年，在学习指导要领中新设了有关编程的项目。因此在初中的可选科目中，新设了"信息基础"的课程。信息基础课程的具体内容如下所示。

- 计算机结构的介绍
- 计算机的使用方法和简单程序的制作
- 计算机的使用
- 在日常生活和产业中信息和计算机的作用以及影响

　　根据学校的不同，上课时间不同，一般一年只有25~35小时。有报告显示，因为当时信息基础课程为可选课，所以在有些学校，信息基础课的上课时间为零，而另一方面，学生在上过信息基础课之后，对课程的满意度都较高。

● 编程科目的变迁

　　到目前为止，学习指导要领中有关"编程科目"的内容经历了以下变迁。

1989年　　在初中的可选科目中新设了信息基础的课程。

1998年　　在初中的技术家庭科目中，将"信息和计算机"列为学生必修内容。

　　　　　另外，明确规定了在小学、初中和高中的各个阶段，在已有的课程中积极地使用计算机和互联网。

　　　　　在高中，将"信息"科目添加必修科目。

2008年　　在初中的技术家庭课程中，将"通过程序进行测量和控制"列为必修内容。

2020年　　预期在小学，编程课程将成为必修课。

2021年　　预期在初中，编程课程将成为必修课。

2022年　　预期在高中，编程课程将成为必修课。

　　正如上面的一览表中所显示的那样，现在，**在初中的技术家庭课程中会学到编程。**不过根据学校的不同，学习时间也不同，**一般一年只有7~12小时，**大家都知道，这样的上课时间是非常少的。

　　根据学校的不同，上课内容也会有差异，例如，上课的内容会有

"Beauto Rover" [*1]，也会有 "算法逻辑" [*2]，还会有 "Scratch" 等。在 "Beauto Rover" 上，可以通过模型汽车来体验编程上的思考方式。在 "算法逻辑" 上，可以体验计算机的算法，而在 "Scratch" 上则可以体验本书所介绍的可视化编程语言。此外，在高中一些更加专业的信息课程上，已经具备了让学生学习编程的教学环境。

● 面向义务教育化的今后动向

　　文部科学省现在正在考虑有关编程教育的学习课程，课程的内容将包括以下几个方面。

- 通过互联网收集和发布信息
- 解决课题的实践和评价
- 用程序解决问题
- 用数据库解决问题
- 对信息社会的课题进行调查和讨论
- 理解并实践信息伦理

　　有关具体的上课时间和科目，现在专家们正在进行讨论。现阶段，正在讨论的具体内容是，在小学阶段将不学习特定的编程语言，而是把学习的重点放在培养孩子在编程上的思考能力、扩大将来的可能性和培养解决问题的能力等方面。

● 在日本举行的编程比赛

　　"编程比赛" 是为了推动编程教育而举行的活动。**"编程比赛"**，正如它的名称那样，是竞技编程能力的大会。世界各地都在举行各种各样的比赛，而日本最近也举行了很多这样的比赛，我们将介绍其中主要的几个比赛。

[*1] Beauto Rover（http://www.vstone.co.jp/products/beauto_rover/）
[*2] 算法逻辑（http://home.jeita.or.jp/is/highschool/algo/）

● 主要的编程比赛

大赛名称	概要
U-22编程大赛	以经济产业省、文部科学省和总务省等为后援的比赛。从小学生到大学生，各个年龄段的人都可以申请参加，并获奖 URL https://www.u22procon.com/
编程大赛 （PROGRAMMING CONTEST）	高等专门学校联合会举办的比赛，是机器人大赛的编程版。从软件到物联网（IoT），在参赛作品中，可以看到范围广泛的具有"高等专门"特色的各种作品 URL https://www.procon.gr.jp/
国际中学生Ruby 编程大赛	将编程语言设为"Ruby"的比赛。参赛的内容包括应用软件和游戏等 URL https://www.mitaka.ne.jp/ruby/index.html/
安全训练营全国大会	以22岁以下的学生为对象，五天四晚的住宿型训练营。训练营由经济产业省举办，以提高国家的信息安全为目标，学员有机会参加高级的编程课程。全部课程为免费 URL https://www.ipa.go.jp/jinzai/camp/index.html
软件甲子园	以中学生为对象，开发智能手机的应用软件的比赛 URL https://www.applikoshien.jp/

● U-22编程大赛

2019编程大赛

● 软件甲子园

　　最后我们想说的是，虽然跟世界上的其他国家相比，日本的编程教育目前落在了后面，不过反过来看，这也就意味着日本的编程教育**"还有充分的上升空间"**。在日本的文化中，本来就有热爱游戏、擅长算数的因素，这些文化上的基本部分跟编程是相互融合的。如果"编程"作为一门课程被固定下来，并受到学生们的欢迎，那么十年以后，或者二十年以后，日本的技术力量将获得飞跃式的发展，这样的未来将不再是梦想。这也正是我们所期望看到的。

Part 4

成为一个熟练的程序员
~进阶篇~

Move to the next step.

应该学习哪种
编程语言

Which programming language is the best for you?

Chapter 10

Section

01 编程语言的种类

　　本书的第二部分介绍了有关编程的学习软件和教材软件，如果认真地学习了这些内容，那么读者应该已经掌握了编程所必需的基础知识，例如**"编程的基本思考方法"**、**"程序员的思维方式"**、"解题的步骤（算法）"和"控制语句"等。此外，在逻辑性思考方法（逻辑思维）、解决问题的能力和基本信息情报素养等方面，大家也应该有所领悟了吧。

　　不过，从另一方面说，如果大家抱有具体的目标，比如"创建新的网上服务"，或者"制作苹果手机的应用软件"，或者"在人工智能方面有所发展"，或者"培养自己作为软件工程师的技能"，那么很遗憾，根据大家目前所掌握的编程技能，还不能实现这些目标。这也就是说，为了实现这些目标，大家必须开始学习**真正的编程语言**。

　　在本章节，我们将纵览世界上各种编程语言的种类和特点。如果有的读者还不知道接着应该学习哪种语言，那么请一定要继续阅读这一章。

　　不过，如果有的读者已经知道要学习哪种语言，那么可以跳过这一章。

据说世界上一共有8000种以上的编程语言

在我们人类使用的语言中，有日语、英语、法语、意大利语、中文等很多种语言，而在编程语言中，也存在着各种各样的语言。据说种类已经达到了**8000种以上**（不过，实际上在绝大多数的系统和产业中，被广泛使用的编程语言只有**20~30种**）。从这么多种语言中，我们将挑选符合大家目标的语言，进行学习[1]。

为什么会存在这么多种编程语言

为什么会存在这么多种编程语言呢？编程语言有成千上万种，形成这种情况的原因当然不止一个，不过其中最主要的原因是**"不存在一种万能的语言，可以用于所有方面"**。在本书的第二部分（P.26），我们曾介绍过，现在程序被用于各个地方。个人电脑当然不用说了，在智能手机中就有无数的程序，程序还被用于互联网系统、云服务、自动驾驶和家电等各种方面。

● 程序被用于各种地方

| 个人电脑 | 智能手机 | 互联网的系统 | 汽车 | 云服务 |

这些程序的用途和目的各不相同。只用一种语言就实现所有的用途和目的，这在目前是不可能的。因此，根据不同的用途和目的，开发了各种合适的程序语言。

---

[1] 在本书中，所介绍的都是那些在世界上，人们能够很方便地使用的编程语言。而对于那些只在特别的系统，或者特定的公司中用到的编程语言，由于这些语言的用途都非常有限，在本书中将不做介绍。

例如，实际上，现在存在下面这些编程语言（在每种用途中又存在着若干种语言）。

- 面向智能手机的应用软件开发的语言
- 面向数学和统计学等高级公式计算的语言
- 面向游戏开发的语言
- 能够操作复杂图形的语言
- 面向网页制作的语言
- 为了控制家电和汽车等机械的特殊处理而使用的语言

如上所述，**根据各行各业的情况，以最适化的形式开发了各种语言。**另外，将来还有可能出现新的语言，这些新的语言又将带来新的概念和新的功能。

不过放眼世界，的确存在着一些特点相似，并且可以用在相似领域的语言，我们也经常会被问到这样的问题：**"这些语言的用途都差不多，到底使用哪种语言比较好呢？"**

[POINT]　**要慎重地选择学习的语言**

如上所述，在世界上存在着很多用途相似的语言，并且有些语言能够实现的功能也相差无几。不过另一方面，每种语言在特点、擅长的范围和学习成本上都存在着差异，因此请大家不要觉得"这些都差不多，学哪种都一样"，就轻易地做出决定。在觉得某些语言相似的时候，正因为它们的相似，所以大家才有必要去调查它们的差别在哪里，以及哪种语言符合自己的需求等。这是学习编程语言的第一步，也是非常关键的一步。请大家注意千万不要轻易地做出决定。

怎样决定先学哪种编程语言

　　大家已经知道了世界上存在着无数种编程语言，不过虽然存在着无数种语言，主要的语言也就30种左右。

　　那么实际上，作为刚开始学习的真正的编程语言，选择哪一种语言比较好呢？好不容易挤出时间学习，肯定想选择合适的语言学习。我们好像已经听到有人在催促了："快点告诉我们答案吧"。不过很遗憾，**实际上仅凭作者个人的判断和偏见，很难告诉大家："就学这种语言吧"**。为什么呢？因为根据想要制作的系统，或者想要实现的服务的不同，每个人应该选择的语言也会不同。

　　很多日本人都把英语作为第一外语，之所以形成这种情况，存在着很多原因，例如"英语是世界通用的语言"，或者"很多企业对英语有一定的要求"等。另一方面，对法国文学感兴趣的人会学习"法语"，而打算走建筑这条路的人则必须学习"德语"。

　　编程语言也跟外语一样，**根据每个人的目的和兴趣的不同，所要学习的语言也会不同。**

　　因此，本书将从几个方面纵览各个编程语言，请大家以此为参考，选择适合自己的语言。

根据目的，决定应该学习的语言

　　如果有人对于想要通过编程实现的事情，有着明确想法，那么请选择为了做出这项产品或服务所需的语言。虽然不能说"需要是发明之母"，但是却可以这样说，从实际的需求出发做出选择，是最有效的，可以让学习者能够一直主动学习。

为了做出社会中的某项产品或服务，在各个不同的行业、产业和项目上，所需的语言往往是固定的。在调查了这些具体情况之后，就可以决定首先应该学习哪种语言。

例如，如果学习编程的目的在于"做苹果手机的应用软件"，那么毫无疑问就应该选择**"Swift"**。同样地，如果有人"想做安卓的应用软件"，那么就应该选择**"Java"**。此外，在制作游戏软件的时候，例如家庭用游戏机PlayStation4和Wii U上的游戏软件，则**"C#"**用得比较多。同样地，在互联网的服务和网页设计的世界中，**"JavaScript"**、**"HTML"**和**"CSS"**等语言运用广泛，而在统计分析和大数据分析的世界中，使用的语言则是**"R"**和**"Python"**。

如上所述，如果已经有了具体的学习目标，那么就可以自己决定应该去学习哪一种语言。即便有些人现在还不知道在自己感兴趣的领域中，正在使用哪一种语言，那么去调查一下也就马上知道了。另外，从本书的P.237开始，将介绍一些主要编程语言的特点和用途，大家也可以此为参照。

根据人气度决定应该学习哪种语言

对于那些"目前还没有特别明确的目标"的人，我们建议**"学习世界上人气高的语言"**。可能有人会觉得这样的选择方式过于随便了，不过这的确是一种相当明智的选择方式。

既然有人气，那么第一，这种语言肯定**"有需求"**。可以这样认为，正因为有社会的需求，所以才会有那么多人学习。第二，这种语言肯定是一种**"出色的语言"**。正因为出色，所以才会有那么多人使用。对于那些把掌握编程技能作为工作中的一环，而不只是兴趣的人，这也是一种重要的看问题的方式。

[POINT]　人气排行榜基本不变？！

　　在下面一节中，我们将介绍在世界上认知度较高的三种人气排行榜中，过去两年排名前十的编程语言。请大家注意一下，人气排行榜几乎没有变化。编程语言的排行榜跟音乐排行榜不同，音乐排行榜每周都会变化。

　　越是大型的计算机系统，越会出现这样的情况，即一旦做好之后，在今后的几年、十几年中都将不断地对系统进行维护和扩张，并将一直使用这个系统。因此，极少会发生中途变更程序语言之类的事情。其结果就是现在被广泛使用的语言，今后也将被长时间地继续使用下去。

　　对于学习者，这应该是让人松一口气的事情。"好不容易花时间学会了某种技能，到了第二年就完全没有用了"，这才是最糟糕的事情。因此从这方面考虑，学习现在有人气的语言，也是一种明智的选择方式。

编程语言的人气排行榜

　　这里我们将介绍在世界上认知度较高的三种人气排行榜中，过去两年排名前十的编程语言。由于各个排行榜在排名时所参照的原始数据不同，排名会存在差异，不过这三种都是可信度较高的排行榜。请大家先看一下排行榜，并在决定学习哪种编程语言的时候，以此为参考。

TIOBE的人气排行榜

　　<u>TIOBE</u>是在对Google、Yahoo和Bing等"检索引擎上的热门语言"进行统计之后，公布的排行榜。

● TIOBE指数

2017 年度	2018 年度	前年比	编程语言
1位	1位	→	Java
2位	2位	→	C
3位	3位	→	C++
5位	4位	↑	Python
4位	5位	↓	C#
7位	6位	↑	JavaScript
6位	7位	↓	Visual Basic.NET
16位	8位	↑	R
10位	9位	↑	PHP
8位	10位	↓	Perl

出处 "TIOBE Index for January 2018" (https://www.tiobe.com/tiobe-index/)

前三位是人气非常稳定的编程语言。对于"Java"和"C"（在日本经常被写为"C语言"）等，很多人至少应该都听说过吧。有关各个语言的概要，我们将在后面介绍。

RedMonk的人气排行榜

RedMonk是根据"GitHub"的使用情况和"StackOverflow"中话题的热门程度，公布的排行榜，其中，"GitHub"是世界各地的软件工程师都在使用的著名软件，这个软件对各种开发提供支持，而"StackOverflow"则是一个有关编程的问答网站。

● RedMonk编程语言排行榜（The RedMonk Programming Language Rankings）

2017 年度	2018 年度	前年比	编程语言
1位	1位	→	JavaScript
2位	2位	→	Java
4位	3位	↑	Python
3位	4位	↓	PHP
5位	5位	→	C#
6位	6位	↑	C++
8位	7位	↑	CSS
7位	8位	↓	Ruby
9位	9位	→	C
10位	10位	→	Objective-C

出处 "The RedMonk Programming Language Rankings June 2017"
(https:// redmonk.com/sogrady/2017/06/08/language-rankings-6-17/)

RedMonk排行榜在2015年度和2016年度完全没有变化，似乎会给人这样的感觉，即原来有人气的语言变得更有人气了，而这又成为这些语言更有人气的原因。

PYPL编程语言流行指数（PYPL PopularitY of Programming Language index）

PYPL编程语言流行指数（PYPL PopularitY of Programming Language index）

● PYPL PopularitY of Programming Language index

2017 年度	2018 年度	前年比	编程语言
1位	1位	→	Java
2位	2位	→	Python
3位	3位	→	PHP
5位	4位	↑	JavaScript
4位	5位	↓	C#
6位	6位	→	C++
7位	7位	→	C
9位	8位	↑	R
8位	9位	↓	Objective-C
10位	10位	→	Swift

出所 "PYPL PopularitY of Programming Language index" (https:// pypl. github.io/PYPL.html/)

主要编程语言的特点

在这一节中，我们将简单地介绍一些编程语言的特点，这些编程语言在全世界都很有人气，在前面一节所介绍的人气排行榜中也经常出现。这些内容如果能为大家今后选择编程语言时提供参考，那么我们将感到非常高兴。

Java

Java是目前世界上使用最广泛的一种编程语言。在前面一节所介绍的排行榜中，Java在两个排行榜中名列第一，在剩下的一个排行榜中名列第二，具有很稳定的人气。

Java深受欢迎的原因有很多，例如，**无论哪种操作系统（OS）或计算机，在任何环境下都能运行Java，Java还具有较高的泛用性和扩张性**等。

目前，在互联网系统、服务器的搭建和安卓的应用软件等广泛领域中，都在使用Java。在银行系统和支撑社会基础设施的重要系统中，也在使用Java。可以说在那些不受潮流影响，并且长期使用的语言中，Java名列第一。

● Java的优点和缺点

学习Java的优点在于**"能够充分地学习泛用性较高的编程语言的知识"**。在很多业务系统中都使用Java，因此学会Java以后，在找工作的时候也会给大家带来便利。

不过另一方面，即使要实现简单的处理，也必须编写完整的程序，所以对于初学者来说，Java是一种学习成本较高的语言。如果有人考虑要自己开发系统，那么作为作者个人的建议，最好选择Java以外的语言。

另外，有数据显示，在美国使用Java开发的项目减少到了前年的30%。今后日本也有可能受到这方面的影响。

● Java的优点和缺点

优点	·充分掌握编程的基础知识 ·经常应用在大型的业务系统，存在较多的企业需求 ·能够开发安卓上的应用软件
缺点	·必须编写完整的程序，因此学习难度较高 ·在美国需求逐渐停止增长，在日本今后，将有更多的企业重新考虑是否使用Java

在考虑了上述情况之后，作为刚开始学习的编程语言，我们建议以下这些人学习Java。

● 不受潮流影响，希望学到的知识能够长时间使用的人
● 对大规模的系统开发感兴趣的人
● 想要制作安卓应用软件的人

C和C++

在日本一般用"C语言"表示C，C是在1972年开发的一种编程语言，而在C之后的1982年又开发了C++。

这两种语言都有**"运行速度快"**的别称。由于泛用性较高，它们被广泛运用于个人电脑的软件和游戏，以及机械控制等诸多领域。在Window和Linux等操作系统中也使用C语言和C++。另外，在需要进行即时处理的业务系统（证券交易系统）中，也经常使用C语言和C++。

如果学会了C语言和C++，那么由于C语言和C++几乎可以运用于所有的语言，在熟练地掌握C语言和C++之后，将会带来极大的方便。

● C语言和C++的优点和缺点

学习C语言和C++最大的优点在于<u>**"能够充分地学习计算机的基础知识和编程的基本思考方法,并巩固计算机的基础知识"**</u>。

另一方面,由于必须编写必要的处理程序,很多人认为它们不适合初学者。从作者个人的感受来说,跟Java相比,C语言和C++的确是难度更高的编程语言,作为刚开始的编程语言,说实话并不建议初学者学习。实际上,作者也看到过很多人学到一半就放弃了。

● C语言和C++的优点和缺点

优点	·可以充分地掌握编程的基础知识
缺点	·必须编写完整的程序,因此学习难度较高

在考虑了上述情况之后,作为刚开始学习的编程语言,我们建议以下这些人学习C语言和C++。

● 对硬件方面的开发感兴趣的人
● 喜欢埋头编程的人
● 想开发游戏的人

> *memo*
>
> C++的名称
>   "C加加"是C++的正式名称,一般还可以称为"C加"或者"C加加"等。

C#

C#是微软在C语言的基础上发展并开发的一种编程语言。**C#可以用于制作Windows的应用软件，或者可以用在一个名为"Unity"的游戏开发的环境中。**

● C#的优点和缺点

学习C#的最大优点在于**"在学习了C#之后，可以制作各种3D游戏，包括近来广受关注的VR（Virtual Reality:假想世界）等**。由于在Unity[1]中有很多用于制作3D游戏的程序库[2]，人们即使没有很深的编程知识，也可以一边制作游戏，一边学习编程。另外，C#还可以用来开发苹果操作系统和安卓操作系统的应用软件。

不过**在开发游戏之外的领域，C#的泛用性较低。在其他方面，只有在制作Window的应用软件的时候，才会用到C#**。因此，不得不说，如果考虑工作机会，那么C#的泛用性是比较低的。

● C#的优点和缺点

优点	・可以充分掌握编程的基础知识 ・如果使用Unity，那么可以一边制作游戏，一边学习编程
缺点	・业务上的泛用性较低 ・学习难度较高

在考虑了上述情况之后，作为刚开始学习的编程语言，我们建议以下这些人学习C#。

---

[1] 译者注：Unity是一款由Unity Technologies研发的跨平台2D / 3D游戏引擎，可用于开发Windows、MacOS及Linux平台的单机游戏，PlayStation、XBox、Wii、3DS和任天堂Switch等游戏主机平台的视频游戏，或是iOS、Android等移动设备的游戏。

[2] 程序库是指为了将来再使用泛用处理（若干个程序的组合），将这些泛用处理打包成一个程序。以后通过调用程序库，就不需要从零开始写程序，从而可以更有效地开发更加高性能的程序。

- 想要在Unity上开发游戏的人
- 想开发Windows的应用软件的人

Python

Python虽然在日本属于小语种，不过在国外的各种大型的互联网服务中都用到了Python，它是一种非常有人气的语言，同时也是**谷歌的三大语言（C++、Java和Python）之一。Python在数据分析上功能强劲，因此被广泛地运用于大数据分析、人工智能和机械学习等方面。**

● Python的优点和缺点

学习Python的最大好处在于**"可以在大数据分析和人工智能等最前端的计算机领域，开拓前进的道路"**。今后这些领域无疑将不断地发展，因此毫无疑问对Python的需求也将越来越多。

听到这样的介绍，很多人可能会以为Python是一种非常高深的编程语言，实际上却完全相反，Python是最适合初学者学习的编程语言之一。美国大学里，在编程相关的入门课程中，现在学生们学得最多的就是Python编程语言。

● Python的优点和缺点

优点	·可以向专门化的领域（数据分析和人工智能）发展 ·跟Java和C语言相比，学习难度较低
缺点	·在日本还不普及，因此业务上的泛用性较低

在考虑了上述情况之后，作为刚开始学习的编程语言，我们建议以下这些人学习Python。

- 对人工智能、机械学习和大数据分析的领域感兴趣的人
- 将来打算在国外发展的人

JavaScript

可以毫不夸张地说，现在在几乎所有的互联网服务中都用到了**Java-Script**，JavaScript是一种被广泛使用的极具人气的语言。在过去使用JavaScript的领域中，互联网占了大半部分。现在不仅在互联网的开发上，而且在智能手机的应用软件和台式机的应用软件，以及游戏的开发上，也使用JavaScript。也正因为如此，近年来JavaScript的人气度急速攀升，在前面介绍的**RedMonk排行榜中名列第一**。

● JavaScript的优点和缺点

学习JavaScript有很多优点，其中之一就是**"不需要准备开发的环境"**。其他很多种编程语言，在学习之前，都必须在自己的个人电脑上搭建开发环境（为了运行这个语言的程序的环境）。这项工作并不像看上去那么简单，对初学者来说，是刚开始学习时的一大障碍。在这点上，因为JavaScript不需要"搭建开发环境"，所以学习者可以马上开始学习。

此外，由于JavaScript的语法较简洁，并且库处理（P.240）也较充实，**在学习的初级阶段，就可以实现并实行各种功能**，这是JavaScript的另一个特点。对于初学者，这无疑也是一个很大的优点。

不过JavaScript也有缺点，**"如果要在工作中使用JavaScript，那么就必须同时具备跟JavaScript有关的各种技术知识"**。现在，由于JavaScript在互联网服务中发挥着主要作用，如果想要在网站的创建或者网站的设计上有

所发展，那么就必须同时具备前台语言和后台语言的知识，前台语言包括HTML和CSS等，而后台语言则包括PHP和Ruby等[3]。

● JavaScript的优点和缺点

优点	·不需要搭建开发环境，马上就可以开始学习 ·语言简洁，学习成本较低 ·不仅可以用于制作网页，而且还可以用于应用软件和游戏的开发上
缺点	·要熟练使用，必须具备广阔的知识面

在考虑了上述情况之后，作为刚开始学习的编程语言，我们建议以下这些人学习JavaScript。

● 对网页设计和网页制作感兴趣的人
● 想要创建互联网服务的人
● 刚开始时想要通过可以简单开始的编程语言，学习编程的人

> *memo*
>
> ### Java和JavaScript
>
> 前面我们介绍了Java和JavaScript，由于两者名称相似，看上去像兄弟语言或姐妹语言，而实际上它们是两种完全不同的语言。这点请大家千万要注意。两者唯一的共同点就是都具有较高的人气，世界上有很多人都在使用这两种语言。

---

*3　有关HTML、CSS、PHP和Ruby的内容，我们将在后面介绍。另外有关"前台"和"后台"的内容，我们也将在P.249的专栏中介绍。

PHP

　　PHP是在开发互联网服务上被广泛使用的编程语言。最广为人知的是它被应用于"WordPress"，"WordPress"是一种开源的内容管理系统（Contents Management System，缩写为CMS）。

● PHP的优点和缺点

　　由于绝大多数公司都在使用PHP，如果考虑工作机会，那么无疑在日本国内，**各个公司对PHP的求职人员的需求最大**。有关WordPress的开发项目也较多，如果想要成为软件工程师的自由职业者，那么PHP就是最合适的语言。实际上，在云外包[*4]中，有关PHP的开发项目很多。此外有关PHP的学习信息较多，并且搭建开发环境也较简单，对于初学者，这些都是有利的地方。

　　不过由于PHP的使用范围仅限于互联网，它的泛用性并不高。如果有人还想要开发智能手机上的应用软件和游戏，那么就不得不将PHP排除在外了。

　● PHP的优点和缺点

优点	·在日本的很多互联网服务中都使用PHP ·学习用的信息和环境比较充实 ·语法简洁，初学者使用起来也比较容易
缺点	·只能用在互联网，泛用性较低

　　在考虑了上述情况之后，作为刚开始学习的编程语言，我们建议以下这些人学习PHP。

　● 对制作网页感兴趣的人

---

* 4　云外包是一种项目运行模式，即雇主在互联网上公开发布项目信息，看到信息的人在了解
　　项目内容之后参与竞标。

- 正在考虑创建新的互联网服务的人
- 想要创建WordPress的网站和微博的人

Ruby(Ruby on Rails)

Ruby是松本行弘制作的日本国产的编程语言，目的是为了**"让人们没有任何压力、愉快地编程"**。随着**"Ruby on Rails"**应用框架在美国硅谷被广泛使用，近几年在日本国内，Ruby的人气也越来越高，我们建议将Ruby和Ruby on Rails应用框架作为一套来学习。

● Ruby（Ruby on Rails）的优点和缺点

如果将Ruby和Ruby on Rails作为一套来学习，对于学习者来说，就具有这样的优点，即可以**"用较少的程序更方便地开发互联网系统"**。跟其他语言相比，开发效率高是它的另一个优点。

不过，由于既要学习Ruby（编程语言），又要学习Ruby on Rails，必须同时学习两种知识，因此学习的成本稍微有些高。

● Ruby（Ruby on Rails）的优点和缺点

优点	·本来就是日本国产的编程语言，因此日语的学习环境和信息较丰富 ·可以用较少的代码实现较多的功能
缺点	·基本上只能和Ruby on Rails同时学习，因此学习难度稍高

在考虑了上述情况之后，作为刚开始学习的编程语言，我们建议以下这些人学习Ruby（Ruby on Rails）。

- 打算创业的人
- 打算跳槽到创新企业的人

💡
[POINT]　应用框架是什么

应用框架是指**"建筑在共同的思考方式和解决问题的方法上的结构"**。在程序中就是"为了有效地开发各种系统的功能群"。如果开发者全员都具有相同的思考方式，并用相同方法解决问题，那么就能提高工作的效率。

在Ruby on Rails应用框架中，不但有功能群，而且还有程序的模板，只需编写少量的代码，就可以实现各种各样的功能和设计。也就是说，所有人都不必从零开始编写代码，而是可以通过组合已有的程序，或者修改已有的程序，实现必要的功能。另外，在应用框架中，不但有Ruby on Rails应用框架，还有其他语言的应用框架，调查自己感兴趣的语言的应用框架，也会带来不小的收获。在前面一章中，我们介绍了怎样改编别人已经做好的程序，在这里，实际上是在开发环境中做类似的事情。

另外应用框架的思考方式，并不单单存在于信息技术行业。在一般的商务场合，**"MECE4P"**、**"SWOT分析"**和**"3C分析"**等都是正在使用的比较出名的框架。

Objective-C和Swift

Objective-C是在1983年左右出现的编程语言，并且在2014年之前，**作为面向苹果手机和苹果操作系统X的应用软件的开发语言，具有超高人气。** 当时要开发苹果手机的应用软件，就必须学会Objective-C，因此世界上很多软件工程师都学习了这种语言。也正因为如此，现在Objective-C仍出现在好几种人气排行榜上。

不过，在2014年，作为面向苹果手机和苹果电脑的操作系统（旧苹果操作系统X）的开发语言，苹果公司宣布将采用新的编程语言，这个语言就是**Swift**。作为一种语言，跟其他语言相比，Swift的历史非常短，因此在前面介绍的人气排行榜中还处于下方的位置，不过Swift**在2016年开放了源代码，成为关注度年年上升的语言之一。**

因此对于那些从现在开始学习编程的人，比起Objective-C，我们更强烈地推荐Swift。

● Swift的优点和缺点

优点	·因为是新语言，所以语法简单明了
缺点	·由于是苹果公司开发的语言，目前很难在Windows上学习 ·由于历史较短，跟其他语言相比，用于学习的信息较少。（不过这只是跟其他语言相比，现在已有足够多的学习用教科书和说明书）

在考虑了上述情况之后，作为刚开始学习的编程语言，我们建议以下这些人学习Swift。

● 想要制作苹果手机或苹果平板电脑上的应用软件的人
● 想要制作苹果操作系统上的应用软件的人
● 家里有苹果电脑的人

Visual Basic.NET

Visual Basic.NET是微软开发的一种编程语言，也是一种用于开发Windows上的软件和应用的编程语言。**由于初学者也很容易掌握这种语言，**所以它经常被用于信息技术的教材。不过，由于Visual Basic.NET在Windows以外的环境上都不能使用，是一种泛用性较低的语言。

● Visual Basic.NET的优点和缺点

优点	·比较容易学会 ·可以运用在VBA等方面
缺点	·只能在Windows上使用，对于学习其他语言时的基本能力，没有帮助

CSS

严格地说，CSS并不是一种编程语言，而是一种用于装饰页面的**样式表语言**。如果要详细地介绍，那么有关CSS的内容就太多了，在这里我们只做简单的介绍。CSS是这样一种语言，即通过**HTML的标记语言**，将文字信息和图像信息进行构造化后，为了定义设计要素而使用的语言。设计要素包括画面的大小、放置的地方和背景颜色等。

在互联网网站的设计上，HTML和CSS是不可缺少的语言。对互联网的设计和制作感兴趣的人来说，这是两种必须学习的语言。但是很遗憾，这两种语言都不是"编程语言"，因此在本书中将不会做详细的介绍，但是，将它们和Java并称为**"开发互联网的三大重要语言"**，应该一点也不过分。它们是如此重要，同时也是具有很大需求的语言。

R

R（在日本经常被称为"R语言"），跟到目前为止所介绍的语言不同，它不是面向开发的语言，而是一种**专门用于统计分析的语言**。R被广泛地应用在数据分析和统计分析的世界中。那些学习经济学或统计学的人，应该有机会接触到这种语言。

不过，并不是知道了R语言就会统计分析了。R语言只是一种工具，熟练地运用R语言，并取得有意义的结果，为了达到这样的目的，学习者还必须具备统计学的知识。

专栏

前台和后台

前台和后台的用语主要会出现在开发互联网服务的时候，或者在使用互联网服务的时候。前台有时又被称为**"客户端"**，而后台有时又被称为**"服务器端"**。

简单地说，前台是指使用互联网服务的一方（通常为浏览器或智能手机），后台是指实现互联网服务的系统。

举一个例子，我们可以参考电商（EC）网站。用户连接网络并打开浏览器，在画面上显示电商网站之后，用户开始购物。在这一连串的流程中发生了很多处理，而其中的很多处理实际上都是在后台完成的。商品的检索、购物后的付款以及用户的登录等，全都在后台完成。前台只是表示这些处理的结果。现在，很多互联网服务和互联网系统都是由前台和后台构成的。

● 前台和后台

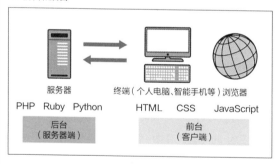

看上图就可以知道，如果将本书中介绍的编程语言，按照上面的系统进行分类，那么JavaScript、HTML和CSS就是经常使用在前台的语言，而PHP、Ruby和Python等则是经常使用在后台的语言。

推荐给初学者的编程语言

正如在前面一节中介绍的，根据编程语言的种类不同，可以实现的系统和服务也会不同。因此，那些在编程学习上有明确目标的人，请选择能够实现这个目标的最合适的语言学习。有关有效的学习方法，我们将在下一章中进行介绍。

另一方面，那些对于刚开始应该学习哪种语言还很迷茫的人，或者那些只要能够有效地学习编程，而对编程语言无所谓的人，对于这些人，作者推荐"JavaScript"和"Swift"。

作为刚开始学习的语言，Java和C语言的入门门槛较高

作者可以经常有机会，跟在编程上没有经验的人接触，这些人具有各种各样的工作背景。当问到他们"刚开始想学哪种语言"的时候，很多人都回答"Java"或"C语言"。在前面介绍的人气排行榜中，这两种语言都经常在排行榜上名列前茅，而且毫无疑问，这两种语言都具有很高的泛用性，也的确非常实用。也正因为如此，很多人都想学习这两种语言。

不过根据作者到目前为止的经验，**作为一开始学习的语言，坦率地说，Java和C语言的入门门槛都较高**。对于那些已经具备了计算机的知识或经验的人，可以另当别论，而对于那些真正的初学者，我们并不推荐这两种语言。我们曾经看到过很多人，由于一开始选择了Java或C语言，结果放弃了编程。这是非常令人遗憾的结果。

因此，如果读者没有特别的理由，一定要从Java或C语言开始，那么我们还是建议大家先从入门门槛较低、不容易失败的语言开始学习。"JavaScript"和"Swift"就是这样的语言。作者推荐"JavaScript"和

"Swift"的理由如下。

● 推荐的语言以及理由

推荐的理由	推荐的理由
JavaScript	・初级阶段的学习门槛较低 ・不需要运行程序的环境（开发环境） ・马上就能确认执行结果 ・可以使用在日常生活中（大家平时就能接触到做好的程序） ・学习环境（书籍和网上信息）充实
Swift	・没有苹果手机和苹果平板电脑，也能确认执行结果 ・比较容易搭建程序的运行环境 ・可以使用在日常生活中（大家平时就能接触到做好的程序） ・苹果公司将发布面向初学者的Swift的学习软件

在学习的初级阶段，关键是可以在日常生活中边玩边学

如果开始学习真正的编程，那么**第一次编写的程序就能一下子运行成功，实际上这样的事情几乎不会发生**。失败是家常便饭，可以毫不夸张地说，初学者每天都在跟程序中的错误作搏斗。

正因为如此，我们希望大家从制作身边的可以获得成就感的东西开始，学习编程。**"将这个问题解决掉，离目标就又近了一步"**，如果大家脑中有这样明确的蓝图，那么一定能愉快地坚持学习，而不会半途而废，并将学习的热情一直保持到最后。

在这个意义上，**作为一开始学习的真正的编程语言，JavaScript和Swift也是非常合适的**。由于这两种语言都跟日常生活密切相关，又都是主流语言，去书店就会找到很多入门书籍，在互联网上也有很多高品质缩图。虽然仅限于大城市，各地都会频繁举行各种免费的讲座和学习交流会。因此，即使是初学者也很容易可以找到学习的方向。请大家一定要考虑一下这两种语言。

另外，如果要学习JavaScript，那么也不要忘了HTML和CSS。**如果能够同时学习JavaScript、HTML和CSS这三种语言，那么就能更高效地掌握**

制作互联网的相关知识。大家并不需要同时学习几种语言，只要在Java-Script的学习告一段落的时候，考虑接下来学习HTML或CSS就行了。

有关Swift，还有几个注意点。由于Swift是开源的编程语言，毫无疑问谁都能自由地学习，不过初学者要考虑到，在学习Swift的时候，**苹果电脑是必需品**。如果身边没有苹果电脑，那么学习难度会一下子增大。因此，对于没有苹果电脑的人，我们不建议学习Swift。请大家记住这点。

如果决定了要学习哪种语言，那么接下来只需要一路往前。我们将在下面一章中详细介绍有效的学习方法，请大家一边参考这些内容，一边进行编程学习。在学习的过程中当然会遇到挫折，不过**"坚持就是力量"**。只要不停止学习的步伐，一定能不断地取得进步。

Chapter 11

有关学习真正编程的
指导书

Final guidance.

在学习编程中最关键的事

在本书中我们曾经多次强调过，在学习编程的过程中最关键的两点是，第一**"要实际动手、自己思考并实际开发"**，第二**"要愉快地编程"**。没有什么比这两点更重要的了。

编程就像运动，知道规则和实际去做，这两者之间存在着不可逾越的鸿沟。记住规则当然重要，而实际编写程序则是不可缺少的。

"思考"的重要性

"自己思考"是非常重要的。在到作者这里来学习的人中，有很多人**"制作书中所写的程序没有问题，不过一旦要制作自己想做的程序，就不知道该从何下手了"**，还有很多人**"虽然能够理解书中所写的内容的意思，却不知道怎样从零开始制作程序"**。在亚马逊的书评中，也可以看到跟这些想法类似的内容，有的书评甚至让人觉得好像是这本书写得不好。

基本上造成这种情况的根本原因只有一个，**就是抱有这样想法的人，实际上还没有完全理解编程的本质（编程是什么）**。

请大家回想一下涂色本。在涂色本上涂色的时候，只要沿着书中已有的完美曲线涂色就行了。不过这样做的结果会怎样？涂好色的画都很完美，不过如果不进行思考，只一味涂色的话，那么无论涂多少张画，绘画水平都不可能得到提高，而造成这种结果的原因并不是因为涂色本不好。

对于程序的说明书，也有相同的道理。书中写着"正确答案是一直往前"，学习者就一味模仿，单单只是照搬书中程序的话，就不可能了解编程的本质。通过模仿书中的内容找到正确的答案，经历一次这样的过程虽然很重要，但是千万不能在这里就止步不前了。

在了解编程的基本原理之后，"修改这里的程序会出来怎样的结果呢"，"在这个程序中能不能再追加一个功能"等，**像这样逐渐地开始自己思考并去实现，才是编程的关键。**

请大家在学习的时候，**一定要在理解的基础上，自己动脑筋编写程序。**有搞不懂的地方，可以问周围的人，也可以通过谷歌的搜索引擎进行检索，答案肯定能找到。**通过谷歌的搜索引擎快速查找所需的信息，这也是一种很棒的能力，请大家在学习编程的过程中，也要强化这种能力。**

[POINT] **不要忘了要愉快学习！**

在上面的内容中我们已经介绍过，在学习编程的过程中，"愉快学习"是非常重要的。请大家一定要记住这点。编程技能并不是一朝一夕就能掌握的，关键在于持之以恒。如果不能从编程中获得乐趣，那么就不可能持之以恒。请大家一定要愉快地学习。

Section 02 真正的网上学习软件 "Codecademy"

在第二部分中，我们介绍了几种有关可视化编程语言的学习软件，从现在开始我们将介绍几种有关**真正的编程语言的学习软件**。现在，以美国为中心，"可以学习编程语言的学习软件"获得很大的发展，并备受关注。这些学习软件都具有各自的特点，并有各种各样的机关，这些特点和机关正是书籍和现有的网络信息中缺乏的。其中，既有像游戏一样的软件，也有真正的学习工具，建议大家都去实际使用一下。

[POINT] 同时掌握英语能力

在学习真正的编程的过程中，随着学习的深入，必定会在某个阶段碰到"英语的瓶颈"。在日本，很多优秀的软件工程师都著书立说，并且还有许多翻译的著作，因此跟其他国家相比，学习者通过本国的语言（日语），可以接触到比较多的有关编程的信息。

不过放眼世界，在编程的世界中公用语还是英语。请大家记住这点，在学习编程的过程中，一定要同时学习英语。跟编程和技术相关的英语都非常简单，只需要一些中学生程度的英语知识，再加上一些努力，大家就可以毫无问题地阅读英语文章了。

Codecademy是什么

Codecademy是一种学习软件，在Codecademy上可以**免费**学习各种编程语言，因此它非常适合那些想要在编程学习上减少支出的人。现在全世界有超过2400万用户正在使用Codecademy，另外已经完成的Codecademy的课程也已经超过了一亿次。在学习编程的网站中，Codecademy具有首屈一指的人气。

访问以下网站，点击[SIGN UP]，就可以开始学习了❶。

● Codecademy

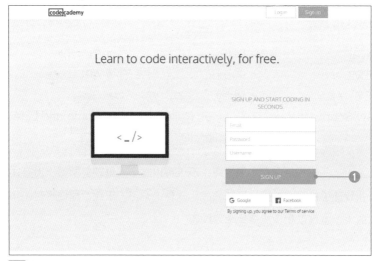

URL https://www.codecademy.com/

Codecademy的魅力

Codecademy的魅力不胜枚举，主要的有以下几种。

● 所有的课程都可以免费学习
● 课程的结构易于初学者进行学习
● 可以在个人电脑、智能手机和苹果操作系统的应用软件上学习

　　在Codecademy中，每一关都设计得非常细致，引导编程的初学者逐渐迈向高级水平。**学习的编程语言种类也很多**，学习者可以从自己感兴趣的语言开始学习。在Codecademy提供的学习课程中，包括下面这些编程语言和实战技巧。

- Java
- HTML
- CSS
- JavaScript
- jQuery

- PHP
- Python
- Ruby
- Ruby on Rails
- Angular JS

- React.js
- API
- Git
- Command Line
- SQL

　　上面这些编程语言和实战技巧，不仅可以在个人电脑上学习，而且还可以在智能手机和苹果操作系统的应用软件上学习。因此，即使平时工作繁忙的人，也可以积少成多地学习编程。

Codecademy的学习方法

　　在Codecademy上，**学习者将按照每一关的提示，输入真正的程序，并确认程序的输出结果**。如果程序中存在着错误，画面上会显示需要修改的方法。在修改完成全部错误之前，学习者将不能进入后面一关。这样的学习过程相当于真正的编程，在这里，关键是要去不断地完成一个接一个的课题。

　　Codecademy的每一关都设计得非常紧凑，通常只要五分钟到十分钟就能过关。因此，那些没有时间的人也可以抓紧空隙时间进行学习。另外，为了让初学者学起来不会觉得厌倦，还精心设计了各种各样的机关。

　　下图为"Make a Website"课程开始时的画面。在第一个画面上，会显示项目的个数和目标时间❶。在学习画面上，学习者输入实际的程序，然后一边确认运行的结果，一边过关❷。

● Codecademy一开始的学习画面

● Codecademy的学习画面

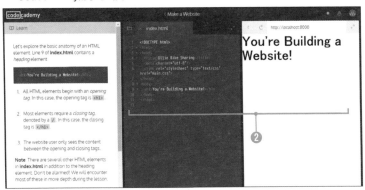

学习编程的游戏
"CodeCombat"

CodeCombat也是一种学习软件，在CodeCombat上可以通过高品质的游戏学习编程。CodeCombat也有日文版[1]。在游戏的设计上，即使用户不具备任何编程的知识，或者没有任何参考书，游戏也能继续进行下去。CodeCombat也是一种十分出色的学习软件，真正做到了让用户"**在玩游戏的时候，不知不觉中掌握编程的知识**"。在各关的设计上，用户玩得越多，有关编程的应用能力就会越强，因此对于那些游戏迷，CodeCombat是最好的学习软件。

访问以下网站，并点击"开始游戏"[2]，就可以开始学习了❶。

● CodeCombat

URL https://codecombat.com/

---

*1 译者注：CodeCombat也有中文版。

*2 译者注：从这里开始采用CodeCombat中文版上的名称。

CodeCombat的魅力

　　CodeCombat提出的概念是**"做最出色的学习编程的游戏"**。在游戏中玩家将通过收集图标或跟僵尸搏斗，完成每一关的课题，同时获得点数和装备。在这个过程中，玩家设定的游戏人物的等级会逐渐提高，同时玩家的编程技能也会得到提高。而且，种类繁多的机关会让很多用户学起来觉得很有意思。

　　顺便要提一下，第一关的"KITHGARD地牢"所需时间为1~3小时，学习的内容包括**"语法、方法、参数、字符串、循环和变量等"❶**。

● 在CodeCombat上各关的选择画面

　　大多数CodeCombat的关卡都可以免费使用，不过那些想要更进一步玩下去的人，可以选择收费方案，收费方案的费用为每月9.99美元。跟免费版相比，收费版中的内容和优惠更加充实。

在CodeCombat上学习的编程语言

在CodeCombat上可以学习四种编程语言（写这本书的时候），即"Python"、"JavaScript"、"Coffee Script"和"Lua"。在游戏刚开始的时候，用户在设定游戏角色的同时，还需要选择想要学习的编程语言。

● CodeCombat中的英雄角色以及选择学习语言的画面

CodeCombat的学习方法

基本上CodeCombat是一种**单人过关的游戏**。在实际游戏的过程中，通过使用键盘，输入程序，进而过关。在刚看到游戏画面的时候，可能有人会觉得它有点小儿科，不过实际上CodeCombat的内容相当充实，即便大人玩起来也会觉得很有意思。而对于小学低年级的小朋友，可能反而有些太难了。

另外，在CodeCombat上还可以跟世界上其他玩家进行比赛，看谁的得分高。对于那些喜欢游戏的人，这应该是梦寐以求的学习编程的环境吧。

即使是那些一眼看上去很难的关卡，玩家在参考了画面上的提示和动画之后，也能顺利过关。在用户支持上，CodeCombat对游戏者提供了强有力的帮助。

● CodeCombat的提示画面（出错的时候）

memo

　　CodeCombat是一种高品质的游戏，因此需要使用计算机的大量内存。在官网上推荐的内存为2000兆字节（2GB）以上。而实际上，如果内存在4000兆字节（4GB）以下，有时候图像处理会不能正常运行，有时候游戏也会突然停止运行。

更加高级的学习用游戏
"CodinGame"

　　CodinGame是一种很有人气的编程游戏，在CodinGame上有数量庞大的图像和游戏，跟刚才所介绍的"Codecademy"和"CodeCombat"相比，它的内容更加高级，因此初学者可能会觉得它的入门门槛有些高。因此与其说它面向初学者，不如说它更适合<u>那些已经掌握了某种编程语言的人</u>。从一开始出现的课题"最简单的文本问题"开始，就要求用户具备条件分歧和循环等知识。读者最好在学习了前面所介绍的各种应用软件和学习方法之后，再进入这个游戏。

　　访问以下的网站，点击[START]的按钮，就可以开始学习了❶。

● CodinGame

URL https:// www.codingame.com/

可以学到25种编程语言

当然内容高级的话，也能成为优点。对于已经掌握了一定程度的编程知识的人来说，像Codecademy这样既好玩又有意思的学习游戏是绝无仅有的。

在CodinGame上，可以学习的编程语言的种类有很多，不但可以学习C#、Java、JavaScript和Swift等经典语言，还可以学习Dart和Scala等，总共可以学习25种编程语言❷（在作者写这本书的时候）。

● 在CodinGame上可以学习多达25种编程语言

CodinGame的学习方法

游戏的各关按照难度分为五个阶段，从低级开始逐渐加深，最后挑战最高难度。游戏的内容非常紧凑，以至于玩家们玩起来会忘了时间。因此请注意不要在这个游戏上中毒。

刚看到CodinGame的画面，大家可能会觉得它很复杂，不过对于第一次玩这个游戏的用户，在刚开始的画面上就会显示每一步的说明（英语），因此不会出现玩家手足无措的情景❸。

另外，每一关都会显示提示，可以按照提示去解决游戏中的问题。玩家还可以在CodinGame的论坛上跟其他玩家交流过关心得。

● CodinGame的步骤说明

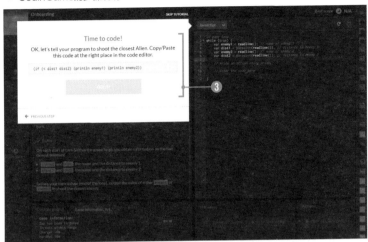

除此之外，CodinGame还会定期召开玩家大会，如果能在大会中进入前几名，那么玩家不但可以获得奖品，有时还可以获得由赞助商提供的工作机会。

CodinGame是一种大脑体操

CodinGame是一种不断重复编程的试行错误的**"大脑体操"**。很多人将CodinGame作为一种训练大脑的方法，在这样的训练中，参加者将被赋予某项课题，在考虑各方面的情况之后，找出最佳的解决方案。

网站运营是通过赞助商赞助，以及程序员的中介服务进行的，并在此基础上开发和运营编程游戏。

CodinGame游戏的方式相当简单，玩家先选择**"单人（一个人玩）"**或**"多人（几个人玩）"**，再选择过哪一关，然后就可以开始游戏了。玩家们可以先在单人游戏中磨练技能，再在多人游戏中一展身手。

在理解了游戏的课题内容之后，输入代码，并开始游戏。输入的代码正确，就能过关。而如果输入的代码错误，那么就需要重新考虑。

另外**即使用户已经过关，不过如果输入的代码没有创意，那么将不能从CodinGame那里获得好评**。对于那些已经具备了一定的编程能力，代码却写得不够简洁的人，或者那些对于怎样解决问题没有自己想法的人，这样的代码评价系统是非常难能可贵的。

在全世界CodinGame的用户已经超过十万人，在日本也有很多程序员参加。

● CodinGame的用户管理画面

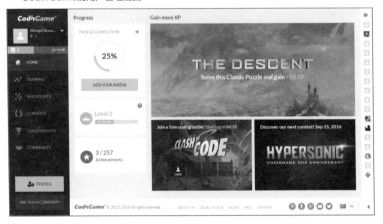

Chapter 11

Section

05

向别人请教的重要性

在本书的第一章中，我们曾经这样建议，如果初学者要从现在开始学习"编程"这项全新的技能，那么最好的学习方法，就是按照以下流程进行学习（P.55）。

1. 通过有关编程的学习软件和教材软件进行学习
2. 参加研讨会，或者去学校学习（任意）
3. 通过书籍和网上信息等学习

对于其中的"1. 通过有关编程的学习软件和教材软件进行学习"，在这之前的篇幅中，我们做了详细的介绍，接下来我们将介绍其中的"2. 参加研讨会，或者去学校学习（任意）"，以及"3. 通过书籍和网上信息等学习"。

首先我们将介绍"2.参加研讨会，或者去学校学习（任意）"。

"任意"的理由和作者的想法

作者将这个阶段的选择方法设为"任意"，是出于以下考虑。

● 有些活动收费（不适合那些希望免费学习的人）
● 很多活动都在大城市举行，地方上则很少，存在着地区差异
● 会产生其他成本，例如时间成本和移动成本等

由于以上原因，有人可能无法去参加研讨会，或者去学校学习。因此，这种学习方式只是任意的，不过如果读者能够参加，那么还是应该至少去参加一次。现在有很多网上学校，可以在家里上课，这样就不会产生地理上的问题。而在有的网上学校，可以在网上提问，这样的学习就几乎跟

在教室里上课一样。

直接向高手学习的重要性

参加研讨会或去学校学习，和通过书籍或网上的信息学习，这两者之间的最大区别就是**"是否可以直接向别人学习"**。

根据作者自己的经验，在通过书籍和网上信息等方式开始自学之前，无论是通过哪种学习方法或学习环境（学校或上网），**如果可以直接向老师或高手请教，或者可以直接提问，或者可以问身边的人**，那么这在学习编程技能的时候，会具有非常重要的意义（**双向型的学习方式**）。

在本书的第二部分，我们特别介绍了"可视化编程语言"，那些从"可视化编程语言"开始学习的人，如果今后要掌握真正的编程语言，**那么是否能够直接学习，具有非常重要的意义**。以概念和理论（逻辑）为主的可视化编程的学习，和受到各种语法和开发环境制约和限制的真正的编程语言的学习，这两者之间存在着**一定差距**。

这个差距并不是很大，不过**在初学者自学的过程中，将成为一个很大的瓶颈。相当多的人由于自己解决不了出现的问题，而遭受挫折**。对于这两者之间的差距，如果能够通过请教老师或有经验的人，成功地实现一个飞跃，那么今后的学习将变得格外顺利。

在初学者遭受挫折的原因中，既有"单纯的知识不足"等根本性的原因，也有**"单纯的笔误"**或**"没有设定好环境"**等失误。这种失误在有经验的人看来，只不过是一种"经常发生的失误"，马上就知道解决的方法，而初学者却往往找不到解决问题的方向。对于这种**"程序上的要点"**，没有比请教别人更好的方法了。如果可以直接问别人，那么在学习的初级阶段就会恍然大悟：**原来如此，真正的编程语言原来是这么回事啊**，这是非常重要的。很多在自学的时候一星期都解决不了的问题，直接问别人的话，只要几秒钟就解决了。这就是**"直接向别人学习"**的最大好处。

不过在掌握了基本技能之后，如果在程序中出现问题，那么就能自己找到解决的方法了，这时候也已经知道怎样设定谷歌搜索上的关键词了。

主要的研讨会、训练营和学校

在研讨会、训练营和学校进行学习的时候，由于学习者必须在一定的时间内提交成果，这对于初学者来说，是很好的经验。另外，**在这些活动中可以跟与自己水平相似的人交流，这也有利于学习者保持学习热情。**

下面我们将介绍几个主要网站。实际上除此之外，全国各地都在举办种类繁多的研讨会、训练营或学校，请大家一定要自己去找一找。有关网上学校的具体内容，我们将在下一节介绍。

● CA Tech Kids

CA Tech Kids是由网络代理公司的子公司运营，面向小学生的编程学校。在这个项目上，网络代理公司的总经理藤田晋先生投入了大量的精力，并亲自参加了其中的各项工作。不用说参加课程的小朋友们，就连家长们对这个项目也非常热情。

● CA Tech Kids

Tech Kids CAMP和Tech Kids School是面向
小学生的编程学校，在这里将进行HP或运用软件
的开发等，充分体会制作数字作品的乐趣。

面向小学生的编程学校

URL https:// techkidscamp.jp/

● Life is Tech

Life is Tech公司为学员提供训练营型的编程学习、体验型的讲座和网上学习等，这些学习和讲座都以初中生和高中生为对象。

Life is Tech的教育水平较高，学生们在参加了Life is Tech之后，就能制作应用软件，其中有些软件还在苹果的网上商店（面向苹果手机的应用软件的销售网站）里销售。Life is Tech也是在编程教育上相当积极的企业之一。据统计，已经有超过一万五千名的初中生和高中生参加了Life is Tech的项目。

● Life is Tech

URL https://life-is-tech.com/

初学者两折优惠！总参加人次15000名！
从"喜欢"中可以选择十六种课程！

面向成人的学习交流会

　　面向成人的有关编程的活动和学习交流会，几乎每天都在各地频繁地举行。其中有的内容面向超级初学者，有的内容比较高深，而且既有免费的活动，又有收费的活动。

　　在这里我们将介绍几个学习交流会的门户网站（汇总各种学习交流会信息的网站）。在看了这些网站上的内容之后，如果大家找到了自己感兴趣的活动，那么请一定要去参加一次。

● ATND

　　ATND是由猎头公司运营，为活动的运营方和参加者提供定制服务的网站。在它的网站上，登录了很多有人气的有关信息技术的学习交流会，这也是它的一大特点。在各项活动的详细的页面上，可以看到各个活动的举办场所和参加费用等。

● ATND

搜索活动项目　　　　　　　　　　　　　　　　　　　　登录

`URL` https://atnd.org/

● TECH PLAY

　　TECH PLAY是一个汇总活动信息的网站，在它的网站上汇总了各种各样的活动、学习交流会、演讲交流会、会议和讲座等信息。按照"语言"、"分类"、"地区"或"日程"，可以轻松检索到自己感兴趣的活动。

● dots.

　　　　　　　　　　　　　　　　　　　　　　　　　　登录或新会员注册

`URL` https://techplay.jp/

网上学校

现在有很多有关编程课程的网上学校。既然为网上学校，那么就没有地理上的问题。不过，虽然这些学校的名称都为网上学校，但在学校的特色、指导方针和服务内容等方面存在着差异，因此如果大家决定要去网上学校的话，那么请在了解了学校的详细情况之后，再提出申请。

这里我们介绍几个主要的网上学校。

● TechAcademy

TechAcademy是一种网上学校，课程的主要内容为网页的制作、智能手机的应用软件的开发以及游戏的制作。由在职的软件工程师讲课，它也是一种短期集中型的网上训练营。在TechAcademy上有免费的说明会，并公开说明会的视频，因此大家可以事先确认上课的内容。

● TechAcademy

URL https://techacademy.jp/

● Schoo

　　Schoo是一种网上学校，在Schoo的网上会公开各种讲座，讲座的内容不仅限于编程，还有信息技术方面、有关设计方面、英语方面和经营方面的知识等。课程有实况转播和录像两种形式。在实况转播的课程中，学生在上课时可以通过聊天室向老师提问，不过由于这不是一对一的课程，老师是否回答要看具体情况。而在录像的课程中，则有超过2800个各式各样的讲座。

　　● Schoo

URL https://schoo.jp/

● CodeCamp

　　CodeCamp是一种一对一的网上学校，可以直接向经验丰富的在职软件工程师学习编程，这也是由作者所属的公司运营的网上学校。虽然接下去的内容有点像广告，不过我们对自己提供的服务很有信心，因此请大家还是要了解一下。

　　在CodeCamp上，将按照每个人的节奏和理解能力，提供定制的"<u>只</u>

属于你的课程"，这样的课程在以前的学校中是从未有过的。如果一个人学习编程，那么往往很难坚持，而CodeCamp将提供有力的支援，让学习者能够坚持学习。各个编程课程的内容也很充实，从"标准套餐"到"大师套餐"，有着各种各样的课程。在"标准套餐"中，学习者将学习编程的基础知识，而在"大师套餐"中，学习者将学习网上服务和应用的开发，如果要在求职或跳槽的时候成为软件工程师，那么"大师套餐"的内容也能为这些学习者提供帮助。

● CodeCamp

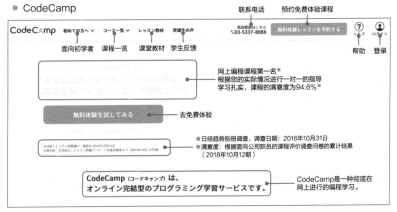

URL https://codecamp.jp/

　　请大家一定去参加自己感兴趣的研讨会、训练营或学校，并以此扩大自己各方面的知识面。这样的体验，越是在学习的初级阶段就会越有效果。对于任何学科都可以这么说，关键是基础。请大家一定要打好扎实的基础，这样以后的学习速度就会加速提高。

专栏

向大师学习的效果

　　根据教育心理学家本杰明·布鲁斯的研究成果，可以证明，由大师（指导者）指导的一对一的课程，无论在哪一门教学科目的学习上，都能取得最好的效果。

　　请看下图。在这项研究中，将参加者分成三组，并考察在不同的指导方式下成员的学习成绩。第一小组是按照课堂上讲课的学习方式（Conventional Clossroom）进行学习，第二小组是通过一般讲义的方式进行学习，不过同时采用了熟练学习的方式（如果没能掌握当前的课题，那么就不能进入下一阶段的学习）（Mastery Learning），而第三小组则采用了直接向指导者学习的一对一的个别指导方式（1-on-1 Mentorship）。

　　各组分别上课，上课内容相同的情况下，在最后的统一考试中，成绩上出现了如下图所示的巨大差异。虽然本来就觉得一对一的课程能够提高学员的成绩，不过完全没想到最后会出现这么大的差距。根据这个结果，我们建议大家尽可能地去上一对一的课程，即使课程的时间较短，也能够产生好的效果。

● 各种学习方法在掌握程度上的差异

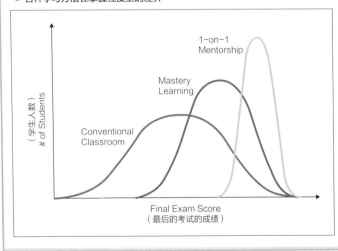

自学编程的方法

编程的基础学习已经到了最后的阶段，在了解了基本内容之后，我们终于要进入最后的阶段，即**"3.通过书籍和网上信息等学习"**。在这个阶段上，通过阅读专业书籍，或者在网上检索有用的信息，将加深学到的知识，从而进一步磨练编程的技能。无论哪种学习，**最后的目的都将是"自学"**。在掌握了一定程度的技能之后，就不会存在为你专门定制的优秀的家庭教师了。要更深入地学习知识，只有走自学这一条路。

这时，能给你带来帮助的将是书籍和网上的信息。不过世界上各种信息泛滥，从而现在马上就能给你带来帮助的真正有用的信息并不多。请大家一定要沿着想要学习的方向进行自学。

使用书籍的有效的自学方法

作者在本书的"序"中，曾写过这样的内容。

> 对于一直以来的学习方法（独学学习法，即先埋头苦读很厚、很难懂的程序语言的说明书，然后又一个劲地编程），作者是强烈反对的。在这样的学习方法下，那些对计算机不是很感兴趣的人，或者在计算机上不是很有天赋的人，或者学习不那么刻苦的人，在学会编程之前就会放弃编程。（P.13）

以上建议是针对那些在编程上没有经验的初学者，而读到这里的读者已经不再是初学者了。大家已经知道了什么是"编程"，并且已经完全掌握了编程的基础知识。对于这些读者，在今后的学习过程中，有关编程语言和科学技术的各种专业书籍，将成为必需和可靠的信息源。

如果走进书店，就会看到那里摆放着种类繁多的有关编程的书籍。请大家一定要去一下附近的书店，并眺望一下那里的书架，而且书店越大越好。在那里，大家肯定能找到让自己感兴趣的那本书。

读书是最基本也是最方便的自学方法。**跟网上的信息不同，书中的内容既有开始又有结束，并且其中的信息都经过整理，这是书籍的一大优点。**

作者建议大家在选购第一本书的时候，去书店购买，在亲眼看过书中的内容之后再购买。大家在不知道的时候往往会感到不安，不知不觉会根据网上不准确的书评（评论）去买书，不过网上的书评并不是全都值得信赖的。与其相信不知道是谁的某个匿名者的书评，还不如相信自己的判断。

使用网上信息的有效的自学方法

最近在网上也存在着很多优秀的信息源。通过参考这些信息，也能不断地提高编程技能。

跟书籍相比，网上的信息具有以下优点。

- 可以免费使用
- 可以了解最新的信息（旧的信息也会留在网上，需要进行取舍）
- 信息量很多（特别是如果懂英语的话，那么世界就会变大）

根据学习的编程语言的不同，在信息量等方面会存在着差异。例如，有关开发苹果手机的应用软件的信息，作为苹果手机开发源的苹果公司，会免费并相当贴心地向开发者公布详细的信息。其中一部分内容已被翻译成日语，对此感兴趣的人可以去参考一下。

● 面向苹果开发者的日语文章

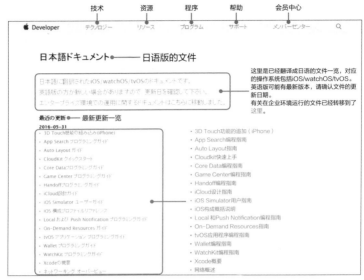

URL https://developer.apple.com/jp/documentation/

　　在这里，我们不可能列举所有有关编程语言的信息源，不过大家去检索一下，应该马上就能查到所需的信息。请大家根据想要学习的语言，寻找网上的优质信息。

工作以后开始学习，并成为软件工程师的成功者

那些现在已经走上工作岗位，并从事着跟计算机无关的职业的人，也许会有这样的想法：**我又不是软件工程师，从现在开始学习编程是不是太晚了。** 大家平时工作繁忙，可能很难抽出时间来学习。不过即使这样，作者还是会这样说，现在并不晚。这并不是一句漂亮的空话，在学习编程上，没有"已经太晚"。科学技术所带来的未来即将来临，并且不可避免。为了迎接未来的挑战，请大家也一定要不断地学习，即使每次只学一点，最后也会带来很大的收获。

在这里我们将介绍几名成功者，这些人以前从事的都是别的方面的工作，后来经过努力，都成功地成为了软件工程师。

● "Instagram"的最高执行官凯文·斯特罗姆

Instagram是一种用来分享图像的免费应用软件，它的最高执行官凯文·斯特罗姆原先并不是一名软件工程师，他原来的职业为销售，而且从来没有接受过任何正式的有关软件方面的训练。据他自己说，他曾经白天做销售，晚上自学编程。

说起Instagram，大家都知道它曾被脸书以10亿美元收购。现在在Instagram上，有超过5亿的活跃用户，是一个非常有人气的分享照片的应用软件。而这个应用软件的制作者居然在年轻的时候不是软件工程师，这对于那些从现在开始学习编程的人，应该是一个好榜样吧。

● "Skype" 的原最高执行官托尼·贝茨

说起托尼·贝茨，他不仅是Skype的原最高执行官，还曾经是美国通讯设备制造商"思科系统公司"的总经理，以及YouTube的董事会成员等，拥有非常辉煌的职业经历。不过实际上他原来也不是软件工程师，他曾经一边工作，一边学习编程。他是利用上班路上的时间进行学习的，通过每天在上班的路上阅读编程说明书，来加深编程知识。

他之所以能够成为世界著名信息技术企业的管理者和最高执行官，可能正是由于他对计算机软件的理解，而并不是由于商务上的经验。

● "GREE" 的最高执行官田中良和

田中良和是"GREE"的创建者。现在GREE已经成为一家大型企业，拥有的会员人数超过3500万。不过大家是否知道，GREE当初在刚开始的时候，只是田中良和个人的一个服务软件。

田中良和在大学毕业后，进入了硕网（So-net），之后跳槽到当时只有50名员工的创新企业乐天，在那里从零开始学习编程。作为一项兴趣爱好，他运用所学的知识，开发了GREE。从个人的兴趣出发，最后创建了大型的服务软件，在这方面GREE为我们做出了一个好榜样。

在上面介绍的各位中，有人是因为找到了想要制作的服务软件，有人是因为理解了编程的重要性，并以此为契机开始学习编程，最后他们都取得了巨大的成功。这也是他们在繁忙的工作中抓紧空隙时间，不断学习的结果。作为一个忙碌的在职人员，要不断地学习编程的确很不容易，不过如果大家的确喜欢编程，那么请一定要坚持下去。这样不断努力的话，想象不到的美好未来，可能就在不远处等待着大家。

结束语

到这里本书的内容介绍就全部结束了。非常感谢大家一直陪伴读到了最后。

跟随着书中介绍的内容，大家在体验了编程以后感觉怎样？如果有人觉得"比想象的简单并且很有趣"，或者"还想学更多的东西"，那么这对作者来说，就是最幸福的事情。书中所介绍的"新的学习方法"，现在正席卷整个世界，并且每天都在进化。因此，请大家不要只粗略地看一遍这本书就结束了，而一定要在时间允许的范围内，每天不断地磨练编程技能。"坚持就是力量"，只要每天能抽出三十分钟的时间，就可以进行学习。另外，本书的真正目的也并不是让大家读完这本书，而是希望大家去实际体验书中所介绍的学习方法，并不断地进行学习。

在这本书的开头我们就曾经说过，不久的将来，编程技能必定会成为一项非常有用的技能，并将给大家带来巨大的帮助。现在谁都不能阻止科学技术的进步，大家能做的是去适应日新月异的科学技术，是成为被动的一方，还是成为主动的一方，或者成为创造的一方，这都取决于大家的选择。

对于可视化编程语言和学习用游戏，从那些已经掌握了真正的编程的前辈那里，可能会传来这样的斥责声："这不是程序"、"要学习真正的编程语言"。然而在这本书所介绍的很多学习软件和教材软件，都是当之无愧的编程教材。请大家一定要有自信，相信"这样的学习方法更有效率，也更有效果"。这些编程教材看上去简单，完全像游戏一样（实际上有些是在游戏中学习编程），但是通过这些编程教材，的确能够掌握编程上所需的基础知识和思考方法。

我们从心底里期望，那些在开始阅读本书的时候，还抱有"编程？这是什么"的想法的初学者，几天以后就可以开始学习真正的编程，并在将来创建出自己的新系统！

参考文献、参考资料以及出处

● **Introduction**

· Hour of Code "President Obama asks America to learn computer science"

· 《史蒂夫·乔布斯1995～遗失的采访～》HAPPINET CORPO RATION. ASIN: B00GQ56ODU

· Code.org "What Most Schools Don't Teach"

● **Part 1**

· PwC/Global Top 100 Companies by market capitalization

· "Education Needs a Digital-Age Upgrade" (http://opinionator.blogs.nytimes. com/2011/08/07/education needs-a-digital-age-upgrade/)

· "数据化时代的破坏性的创造" (https://www.accenture.com/jp-ja/ insight-digital-disruption-growth-multiplier)

· "Uber" (https://www.uber.com/)

· "Airbnb" (https://www.airbnb.jp/)

· "IBM全球企业家学习" (http://www.ibm.com/cn-zh/services)

· The Natural Edge Project:Bain Consulting, Michael Porter (Harvard Business School)

· 角川ASCII综合研究所举办的讲座 "为什么编程是必要的"

· "第六次产业竞争力会议" (http://www.kantei.go.jp/jp/singi/keizaisaisei/skkkaigi/ dai6/ siryou11.pdf)

· Lucélia Ribeiro (https://www.flickr.com/photos/lupuca/8720604364)

· Hour of Code President Obama asks America to learn computer science

· The WHITE HOUSE "President Obama on Computer Programming in High School in a Google+Hangout"

· "The Effect of Logo Programming Language for Creativity and Problem Solving"

· "CHERP" (https://ase.tufts.edu/Dev Tech/tangiblek/research/cherp.asp)

· "The Impact of Computer Programming on Sequencing Ability in Early Childhood." (塔夫茨大学)

● **Part 2**

· "Code.org"（https://code.org/）

· Wikipedia "Code.org"（http://en.wikipedia.org/wiki/Code.org）

· "lightbot"（https://lightbot.com/）

· "Developer Spotlight: Danny Yaroslavski"（http://www.openfl.org/blog/2014/11/07/developer-spotlight-danny-yaroslavski/）

· Wikipedia "Lightbot"（http://en.wikipedia.org/wiki/Lightbot）

· "Linkedin: Danny Yaroslavski"（http://ca.linkedin.com/pub/danny-yaroslavski/43/38b/a70）

· "Scratch"（https://scratch.mit.edu/）

· " LIFELONG KinDERGARTEN的网站"（https://llk.media.mit.edu/mission/）

· "Scratch Wiki"（https://wiki.scratch.mit.edu/wiki/Scratch_Wiki_Home）

· Wikipedia "Scratch（编程语言）"（http://ja.wikipedia.org/wiki/Scratch_编程语言）

· "用Scratch进行的小学编程课程的实践"（http://ci.nii.ac.jp/els/1100085 93393.pdf?id=ART0009717789&type=pdf&amp:lang-jp&host=cinii&am porder_no" &ampppv_type=0&lang_sw=&no=1432713385&cp=）

· "CodeMonkey"（https://www.playcodemonkey.com/）

· "CodeMonkey的官方 Facebook"（https://www.facebook.com/CodeMonkeySTU）

· "CodeMonkey History 101"（http://www.playcodemonkey.com/blog/posts/1-codemonkey-history-101）

· "Swift PlayGrounds"（http://www.apple.com/swift/playgrounds/）

· 教育版乐高 "头脑风暴EV3"（https://www.lego.com/zh-cn/mindstorms/learn-to-program）

· LEGO公司的 "WeDo 2.0"（https://education.lego.com/zh-cn/downloads/wedo-2/software）

· Artec公司的 "Artec机器人"（https://www.artec-kk.co.jp/artecrobo/zh/）

· 智慧集成公司的 "僵尸RPI"（http://www.wise-int.co.jp/sovigo/）

· Makeblock公司的 "Makeblock"（http://makeblock.com/）

· Robotron公司的 "ROBOTAMIJ"（http://robotami.jp/）

· 索尼国际教育公司的 "KOOV"（https://www.koov.io/）

· "对国外各国有关编程教育的调查研究（文部科学部平成26年·支持提高信息教育指导能力的项目"（http://jouhouka.mext.go.jp/school/pdf/progra mming_syogaikoku_houkokusyo.pdf）

· The WHITE HOUSE（https://www.whitehouse.gov/）

· "Computing in the national curriculum"（http://www.computingatschool.org.uk/ data/uploads/CASPrimaryComputing.pdf）（有关UK Computing的教育课程）

● **Part 3**

· DeNA公司的新闻公告(http://dena.com/jp/press/2015/06/09/1/)

· "Beauto Rover" (http://www.vstone.co.jp/products/beauto_rover/)

· "算法逻辑" (http://home.jeita.or.jp/is/highschool/algo/)

● **Part 4**

· "TIOBE Index for July 2016" (http://www.tiobe.com/tiobe-index/)

· "The RedMonk Programming Language Rankings January 2016" (http://redmonk.com/sogrady/2016/02/19/language-rankings-1-16/)

· "PYPL PopularitY of Programming Language index" (http://pypl.github.io/ PYPL.html)

· "Codecademy" (https://www.codecademy.com/)

· "CodeCombat" (https://codecombat.com/)

· " CodinGame" (https://www.codingame.com/)

· "CA Tech Kids" (http://techkidscamp.jp/)

· "Life is Tech" (https://life-is-tech.com/)

· "ATND" (https://atnd.org/)

· "dots" (https://eventdots.jp/)

· "Tech Academy" (https://techacademy.jp/)

· "Schoo" (https://schoo.jp/)

· "CodeCamp" (https://codecamp.jp/)

作者介绍

[日] 米田昌悟（Yoneda Shogo）

编码训练营（CodeCamp）股份公司的董事兼COO（首席运营官）
作者毕业于澳大利亚的格里菲斯大学（Griffith），曾就职于一家大的广告公司，之后进入
创业者商学院（BBT），负责"远程-创业者商学院工商管理学院"（Bond-BBT MBA）的
运营和市场营销。创业者商学院（BBT）是一家由大前研一先生担任法人代表的股份公
司，而"远程创业者商学院工商管理学院"则是日本首家面向海外的工商管理学院，也是
东亚首家远程工商管理学院。国际商管学院促进会（AACSB）的认证是世界上最难获得
的教育认证，只有5%的工商管理学院取得此认证，而作者为创业者商学院取得国际商管
学院促进会的认证做出了重要贡献。之后，作者参与创立了部落世界（TribeUniv）公司
（即现在的编码训练营（CodeCamp）股份公司的前身），并担任其董事。现在作者在编码
训练营（CodeCamp）公司负责规划和实施面向大企业干部预备队的培训，帮助这些企业培
养懂程序的各种技术人才。另外作者还创立了多媒体"编码部"（Code部），为初学编程的
人提供帮助。从世界各地的编程教育到编程的学习，工作范围涉及企业计划的各种方面。

公司介绍

编码训练营股份公司

URL https://codecamp.jp/

编码训练营运营网上的学习编程的服务软件。按照每个人的节奏和理解能力，提供定制的
"只属于你的课程"，这样的课程在以前的学校中从来没有过。如果一个人学习编程，那么
往往很难坚持，而编码训练营会提供有力的支援，让学习者能够坚持学习。各个编程课程
的内容也很充实，从"标准套餐"到"大师套餐"，有着各种各样的课程。在"标准套餐"
中，学习者将学习编程的基础知识，而在"大师套餐"中，学习者将学习网上服务和应用
的开发，如果要在求职或跳槽的时候成为软件工程师，"大师套餐"的内容也将提供帮助。

免费体验课程的介绍

编码训练营为了打消初学者的顾虑，为初学者提供一次免费的体验课程，让初学者
能够直接与在职软件工程师进行交流。无论怎样细小的事情，软件工程师们将站在
初学者的立场上帮助解决问题，因此大家不需要有任何顾虑。如果在每天在7点到23
点的时间段可以联网，并可以使用计算机，那么就可以申请体验课程。

● **先上一次体验课程**

URL https://codecamp.jp/event/books_trial_lesson

PROGRAMMING NYUMON KOZA —KIHON TO SHIKOHO TO JUYOJIKO GA KICHINTO
MANABERU JUGYO
Copyright © Shogo Yoneda 2016
Chinese translation rights in simplified characters arranged with SB Creative Corp., Tokyo
through Japan UNI Agency, Inc., Tokyo

律师声明

侵权举报电话

全国"扫黄打非"工作小组办公室
010-65233456　65212870
http://www.shdf.gov.cn

中国青年出版社
010-50856028
E-mail: editor@cypmedia.com

版权登记号：01-2019-1882

图书在版编目（CIP）数据

编程高效入门：新手也可以零失败：儿童到成人：成功者都在学习的编程思维（全世界超2亿人热衷的学习方法）全彩印刷／（日）米田昌悟著；张瑞琳译. —北京：中国青年出版社，2019.9
ISBN 978-7-5153-5650-1
Ⅰ.①编…　Ⅱ.①米…　②张…　Ⅲ.①程序设计　Ⅳ.①TP311.1
中国版本图书馆CIP数据核字（2019）第121307号

策划编辑　张　鹏
责任编辑　张　军
封面设计　邱　宏

编程高效入门：新手也可以零失败
儿童到成人：成功者都在学习的编程思维
（全世界超2亿人热衷的学习方法）全彩印刷
[日] 米田昌悟 / 著　张瑞琳 / 译

出版发行：中国青年出版社
地　　址：北京市东四十二条21号
邮政编码：100708
电　　话：（010）50856188 / 50856189
传　　真：（010）50856111
企　　划：北京中青雄狮数码传媒科技有限公司
印　　刷：湖南天闻新华印务有限公司
开　　本：880×1230　1/32
印　　张：9
版　　次：2019年10月北京第1版
印　　次：2019年10月第1次印刷
书　　号：ISBN 978-7-5153-5650-1
定　　价：59.90元

本书如有印装质量等问题，请与本社联系
电话：（010）50856189 / 50856189
读者来信：reader@cypmedia.com
投稿邮箱：author@cypmedia.com
如有其他问题请访问我们的网站：http://www.cypmedia.com